听科学家讲我们身边的科技

化学发现之旅

宋 丹 编著

武汉市科学技术协会科普项目资金资助

科学出版社

北京

版权所有,侵权必究

举报电话:010-64030229,010-64034315,13501151303

内 容 简 介

本书通过对中学阶段化学教科书中出现的科学家的生平和他们研究的成果进行解析,帮助读者理解晦涩难懂的理科结论。书中讲述丰富科学成果背后的人文故事的同时,结合现实生活给出科学的学习和生活指导,可以让读者体会到,科学思维就在我们身边,用好科学的思维方法,就能解决我们生活中遇到的常见问题。

本书可作为初、高中学生的课外读本,亦可供对化学和科学史有兴趣的一般读者阅读。

图书在版编目(CIP)数据

化学发现之旅/宋丹编著. —北京:科学出版社,2017.6
(听科学家讲我们身边的科技)
ISBN 978-7-03-053781-2

Ⅰ.①化… Ⅱ.①宋… Ⅲ.①化学-普及读物 Ⅳ.①O6-49

中国版本图书馆 CIP 数据核字(2017)第 138769 号

责任编辑:张颖兵 白和平/责任校对:邵 娜 罗康敏
责任印制:彭 超/装帧设计:苏 波
插图绘制:达美设计 伯 马

科学出版社 出版
北京东黄城根北街 16 号
邮政编码:100717
http://www.sciencep.com

武汉市首壹印务有限公司印刷
科学出版社发行 各地新华书店经销
*
开本:B5(720×1000)
2017 年 6 月第 一 版 印张:12 1/2
2019 年 11 月第二次印刷 字数:150 000
定价:35.00 元
(如有印装质量问题,我社负责调换)

"听科学家讲我们身边的科技"丛书编委会

总 策 划：陈平平　李海波　孟　晖　杨　军

执行主编：李建峰

主　　任：李　伟

副 主 任：何添福　张先锋

编　　委（以姓氏笔画为序）：

王秀琴　叶　昀　李　伟　李建峰

李海波　杨　军　何添福　张　玲

张先锋　张伟涛　陈平平　陈华华

孟　晖　夏春胤

前　言

　　我直到学习完化学课本许多年后才开始注意侯德榜、门捷列夫、舍勒等化学开拓者们的事迹。这些科学巨人对化学的热爱，让我顿感前生所学，简直太肤浅了，真的只是皮毛而已。他们在化学领域里那些开创性的工作过程，那些在科学研究里呈现的思维方法，特别是那些跨越障碍的执着精神，才更是可以让我们学习的活生生的典型教材。

　　在旁人看来，各种化学试剂可能都是些有毒、有危险的、冷冰冰的药品；但在这些化学家们的眼里，它们都弥足珍贵，有着非凡的本领。这些化学家被化学奇特的现象吸引着，不停地做实验，不停地记录着每一个实验的瞬间。在这些有趣的化学现象里，他们捕捉、分析、了解那些根本无法用肉眼看到的原子、离子和分子的特性，通过不停的研究与发现，谱写出了现行化学课本的全部篇章。每一个化学家的研究生涯都足以写出厚厚的一本书，这些故事让我对探究他们的事迹欲罢不能。

　　回想起高中阶段，我对这些化学知识的学习，完全被各种高考试题钳制着，根本没有想到要去了解所学的这些知识都是怎么来的。偶尔能零星看到课本上一些科学家的名字，也都是只言片语草草而过，印象最深也不过是几句"门捷列夫发现了元素周期表""侯德榜发明了侯氏制碱"……仅此而已。怎么发现的，背景是什么样子的呢？并不清楚。好在所使用的课本编写得很好,将这些化学知识描述得十分翔实,根本用不着我们去了解这些科学发现史,就能够完成那些高难度的习题。因此,那时我从来没想过进一步去了解。

参加工作后,面对一群稚嫩的孩子,我突然发现,当介绍门捷列夫时,仅仅讲一句"是门捷列夫发现了周期表"是多么突兀。他是怎么发现的呢?——不知道。于是,我去找了门捷列夫的相关故事来读。一不小心,却发现了一个宝藏:门捷列夫的一生跌宕起伏、悲喜交加,但即便是这样,他仍然能教学相长、刻苦钻研,历经种种艰辛,排列出元素周期表,并预言了三种未知元素;更有幸的是,他在有生之年,亲眼见证了这些元素的发现,证实了自己的推测。这种被全世界的人肯定时的兴奋程度可想而知。

再后来,当我了解到了更多科学家的生平事迹以后,发现他们身上的某些特质,放在今天的生活中依然适用。如果这些科学家也能生活在当下的话,肯定能够用相同的特质指引和帮助我们,让我们能认清生活中的某些现象,为我们提供某些解决问题的方法。比起他们发现的那些知识,发现知识时所应用的方法以及那些艰难的发现过程,更值得我们去学习和研究。

某一天研究这些科学家的事迹时,我突然想起了金庸的武侠小说里,曾经描述过的一种武功神得不得了,据说会此功夫的人,能将周围粘上身的人的功力尽数吸走,从而变得威力无比。就是它——"吸功大法"。不过,我们都不是习武之人,对"功力"这种虚无缥缈的词,只能幻想一下;但是每个科学家身上的特质和独特的思维方法,却实实在在是他们探索未知世界的"功力"。当今,知识已经多得数不胜数

　　了,常人已不可能单靠记忆完全掌握它们;但这些知识背后的思维方法却没有太多改变,如果能加以体会、学习和应用,肯定能像"吸功大法"那样让我们"威力"无比! 最起码能够帮助我们去理解现行化学课本中的各个考点。

　　想想都让人兴奋! 怎么样,一起看看去吧,去看看当年的那些科学家们都做了些啥,怎么就能发现这些神奇的化学物质呢? 它对我们今天的生活又能带来哪些启示呢?

　　欢迎走进——《化学发现之旅》。

作　者
2016 年 11 月

目录

第一章 无形学院的门徒 / 1

第二章 燃烧的秘密 / 15

第三章 解剖实验触发的强大电力 / 31

第四章 化学勇士 / 47

第五章 原子里的世界 / 59

第六章 一场半个世纪的争论 / 77

第七章 铁匠铺出来的订书童 / 91

第八章 不一样的焰火 / 105

第九章　梦里的奇迹 / 121

第十章　用扑克牌缔造出周期王国的人 / 135

第十一章　极致的平衡 / 155

第十二章　从打破垄断到锐意创新 / 167

后记 / 187

第一章

无形学院的门徒

无形一词第 7 版《现代汉语词典》解释作：不具备某种事物的形式、名义而有类似作用的。无形学院最早产生于十七世纪的英国，1644 年末在克伦威尔的内兄尉尔琴斯的倡导下，由一些数学家和医生每周在伦敦举行集会、讲座，讨论学术和一些自然科学问题。实质就是由当时的科学家们组成的一个学术圈子，每周集会一次，座谈一些自然科学问题。后来无形学院发展为泛指科学家之间的非正式的沟通关系。

无形学院的新人

玻意耳在多个领域的成就数不胜数，但他一生没有读过大学。当有人好奇地问他毕业自哪所大学时，他总是爽朗地一笑，说：我毕业于"无形学院"。一起来看看他的档案吧：

全名：罗伯特·玻意耳

生日：1627 年 1 月 25 日

出生地：英国，爱尔兰的利兹莫城

毕业院校：伊顿公学

个人简历：

1635 年，被父亲送到伦敦郊区的伊顿公学。

1638 年，随哥哥一起在家庭教师的陪同下到当时欧洲教育中心之一的日内瓦求学。

1641 年，玻意耳兄弟再次在家庭教师的陪同下游历欧洲，并阅读了伽利略的名著《关于两大世界体系的对话》，使他对伽利略推崇备至。

1644 年，父亲在一次战役中死去，家庭情况突变，他迁居伦敦。

1646 年，在伦敦参加了无形学院的活动。后搬回老家读书、学习、进行科学实验，一住就是八年。

1654 年，迁往牛津，寄宿在牛津大学附近一位药剂师家里。

1660～1666 年，写了十本书，在《皇家学会学报》上发表了二十篇论文，这其中就有那本著名的《怀疑派化学家》。

1668 年，从牛津迁回伦敦，并在皇家学会赢得很高的声誉，是科学界公认的领袖。

1671 年，因过劳中风，经过很长时间才治愈。

1680 年，因病弃任皇家学会会长一职。

1691 年 12 月 30 日，逝世，享年六十四岁。

玻意耳在科学研究上的兴趣是多方面的，曾研究过气体物理学、气象学、热学、光学、电磁学、无机化学、分析化学、工艺、物质结构理论，以及哲学、神学。其中成就突出的主要是化学。

1627 年玻意耳出生在爱尔兰的一个贵族家庭里。他的父亲对书本知识不感兴趣，母亲性格温顺，但在他四岁的时候就去世了。童年的玻意耳，表现出了惊人的诚实。有一次，姐姐批评他偷吃李子树上的果子，说看着他吃了六颗。大家都以为玻意耳会狡辩，而他却说自己不是吃了六颗，而是二十颗。

玻意耳的诚实，使全家人都十分惊喜，父亲也特别喜爱玻意耳，还专门给他请来了最好的家庭教师，后又送八岁的他和他哥哥一起到以管理严厉著称的伊顿公学学习。在伊顿，玻意耳成天沉浸在各种各样的书本中，连老师都为他担心，怕年龄太小的他读书过于劳累。

在这所寄宿学校里快乐地学习了三年，玻意耳顺利毕业了。他和哥哥在家庭教师的陪同下，到欧洲各地旅行学习。他们到过法国、瑞典、意大利，在那里他学习法语、实用数学和艺术等，还参观了一些著名学者工作学习的地方，开阔了知识视野。

他从迷恋亚里斯多德，然后了解罗杰·培根、伽利略、哥白尼，而逐渐明白认识自然界的办法。正如培根说过的，要得到正确的知识必须从事实出发，通过实验收集大量材料，然后才能从中找到普遍规律。

1646 年，十九岁的玻意耳在伦敦加入了尉尔琴斯倡导创建的学术俱乐部。由于从吉尔伯特、培根时代开始，研究自然科学的人物都是上流社会的知名人士，一些贵族和富家纨绔子弟也赶时髦、凑热闹，使被玻意耳称作"无形学院"的这个俱乐部的最初成员很复杂。经过一段时间的淘汰,无形学院的成员开始稳定,大多数会员都是医生、牧师等业余科学家。

玻意耳加入无形学院时风华正茂,接受新事物的能力极强,这个"无形学院"成了他最喜欢去的地方。一开始,无形学院的成员们讨论并重复皇家御医吉尔伯特的磁学研究,后来又学习英国医生哈维关于血液循环的早期研究。在这些学习和研究中,玻意耳以往提出的许多疑虑都被培根解释得清清楚楚,于是他为培根的实验主义所倾倒。

培根相信,唯有自然的研究,才是导致人类生活进步的最大力量。他特别强调指出,造成各个国家和民族进步不同的因素,不是风土和人种的区别,而是技术发展的差别。培根十分推崇中国发明的印刷术、火药、指南针和造纸。

玻意耳十分钦佩培根的思想,认为只有有组织地推进科学研究、科学发明和科学发现,才能增进人类生活的幸福。他很快成了无形学院的积极分子,也成了培根主义的坚定追随者,沉醉于无形学院探讨自然科学的生活。

在无形学院里,玻意耳受到了良好的教育。这是一所没有围墙的大学,他在此掌握了十分系统的科学知识。这里并不颁发文凭,也没有人监督,完全凭着大家对自然科学的热爱来维系和发展。在这里,只有真正发现自然科学奥秘的人,才能赢得大家的尊敬。晚年的玻意耳总是回忆在伦敦无形学院的日子,表现出对那些日子无限的眷恋。

由于局势不稳,无形学院的成员都希望能够成立一个受法律保护的团体。1660 年,成员们决定组织一个能得到国王特许状的团体。1662 年,英国国王颁布特许状,正式设立"皇家学会",全称为"伦敦促进自然知识皇家学会"。其实它并非皇家建立,而是由会员自主设立和经办的自治团体,经费也来自会员缴纳的会费。1665 年,在学会首任秘书奥尔登伯格的辛勤操持下,皇家学会会刊《哲学学报》创刊。

痴 心 实 验

伽利略的《关于两大世界体系的对话》在 1632 年时的全称是《伽利略·伽里莱的对话：那是四日间的对话，讨论的是关于托勒密和哥白尼的两大世界体系，无论哪一方都提出了他们的哲学和自然学的依据》。这是伽利略为传播哥白尼学说而写的一部普及性著作，在当时产生了重大的影响。书中对话的有三个人：一个叫辛普里丘，是受过教育但有点傻气的人，他是地心说的信奉者；另一个叫萨尔维阿蒂，主张哥白尼日心说；第三个叫沙格列陀，是提问的人。书中三人就托勒密的地心说和哥白尼的日心说的真伪展开了一场辩论。

不得不说，这本书在人类文化史上占有很重要的地位。首先，哥白尼的《天体运行论》就是一部震撼心灵的著作，它向统治西方思想千余年的地心说发出了挑战，动摇了"正统宗教"学说的天文学基础。然后，伽利略的这本书又以确凿的证据进一步论证了哥白尼学说，更直接地动摇了教会所庇护的托勒密学说。接着，哈维的《心血运动论》以对人类躯体和心灵的双重关怀，满怀真挚的宗教情感，阐述了血液循环理论，推翻了同样统治西方思想千余年，被"正统宗教"所庇护的盖伦学说。随后，就像引起了连锁反应一样，在各个科学领域都出现了颠覆式的发展，如笛卡儿的《几何》，不仅创立了为后来诞生的微积分提供工具的解析几何，而且折射出影响万世的思想方法论；牛顿的《自然哲学与数学原理》标志着世纪科学革命的顶点；拉瓦锡在《化学基础论》中详尽论述了氧化理论，推翻了统治化学百余年之久的燃素说；道尔顿的《化学哲学新体系》奠定了物质结构理论的基础，开创了科学中的新时代；继而有了傅立叶的《热的解析理论》、达尔文《物种起源》、爱因斯坦的《狭义与广义相对论浅说》、薛定谔的《关于波动学的四次演讲》……

玻意耳十四岁起便深受伽利略这本著作的影响，他决心像伽利略那样，不迷信权威，勇于开创科学实验的道路。家里的兄弟姐妹中玻意耳是最小的一个,也许是自幼丧母缺乏照料的缘故,他体弱多病。一次由于医生开错了药,玻意耳差点丧命,幸亏他的胃反应剧烈,将药都吐了出来。经过这次遭遇,他怕医生甚于怕疾病,有了病也不愿去找医生。在伦敦时,玻意耳受到一位科学教育家的鼓励,开始学习医学和农业。当时的医生都是自己配制药物,所以研究医学就必然研制药物和做实验,这使玻意耳对化学实验情有独钟。

在研究医学的过程中,玻意耳翻阅了医药化学家的许多著作。他很崇拜比自己大近五十岁的比利时医药化学家海尔蒙特。海尔蒙特不论白天黑夜,完全投入化学实验,自称为"火术的哲学家"。以他为榜样,二十七岁的玻意耳在伦敦不远的地方,为自己建起了一个实验室,整日浑身沾满了煤灰和烟,痴迷地沉浸在实验之中,开始了自己科学实验的人生。

一年以后,他与青年罗伯特·胡克,一起研究和改进了当时其他人新发明的空气泵,用来将容器中的空气抽出来形成真空。他们利用空气泵做了很多真空实验。有一段时间玻意耳迷上了研究意大利物理学家托里拆利的真空实验。1643 年 6 月 20 日托里拆利首先进行了这个著名实验,测出一个标准大气压的大小约为 760 毫米汞柱或 10.3 米水柱。

一般做这个实验的时候,会将一根大约一米长、一端封闭的玻璃管里装满水银,然后用拇指堵住管口,把管子倒立在水银槽里。松开拇指以后,管子里的水银开始下降,最后停留在高出槽里水银面约 760 毫米的地方。但是,水银柱为什么能停在这个高度不落下来呢?

这个问题,当时争论得很激烈。托里拆利认为,这是因为大气压对槽中水银面作用的结果。玻意耳同意托里拆利的看法,而且还亲自设计实验来加以证实。他把托里拆利实验中的水银槽放到密闭的容器中,然后把容器中的空气不断抽出来。这时管中的水银柱也不断下降。等到再把空气一点一点送进去时,管中的水银柱又会逐渐升高。

7

这些现象都说明水银柱掉不掉下来，的确与外面的气压有关。

可比利时物理教授李纳斯却对玻意耳的说法提出了异议。他认为托里拆利实验中的水银柱之所以不掉下去，并不是因为有大气压力，而是因为管子上面的真空部分有一种拉力，好像看不见的绳索，把水银柱拉上来了。到底水银是被拉上去的，还是被外界气压给压上来的呢？李纳斯为什么会跟他们想得不一样呢？

原来，他也设计过一个实验，在一根两端开口的玻璃管里灌满水银，用两个拇指分别按住上下两端，然后把下端放入水银槽里，移开按住下端的拇指，水银柱就开始往下降，一直降到离水银槽液面约760毫米的地方才停住。此时按在上端的手指，感到一个很大的拉力。他认为手指感到的拉力是真空部分产生的，既然真空对手指有拉力，那么它对水银也一样会有拉力。

对李纳斯的这种看法，玻意耳觉得最好的回应是实验，而不是在科学杂志上发表长篇大论的文章。于是他把直管换成了一根J形管继续做实验。管子短的一端封闭，长的一端开口。往J形管里灌水银，因为管子短的一端里封闭有空气，水银升不到顶端。一开始短端和长端的水银处在同一水平面上，玻意耳认定水银柱两端的压强相等。

因为J形玻璃管粗细均匀，所以玻意耳用管中空气的长度来表示其体积，在短端记下48小格。然后继续往长端灌水银，封闭在短端的空气体积越来越小。玻意耳惊喜地发现，当长端的水银柱液面比短端的水银柱液面高出760毫米，也就是压力比原来加大一倍的时候，短端中的空气恰好从48小格缩小到24小格，即空气体积缩小了一半。

玻意耳还觉得不够，继续往长端灌水银，发现两端水银液面差为1520毫米，即压力增加到大气压的三倍时，短端中的空气体积缩小到16格，即为原来的1/3。他把他的实验结果归纳为，在温度不变的条件下，一定质量气体所受的压力，跟它的体积成反比。这就是著名的玻意耳定律。

玻意耳批驳他人的错误观点时,也不放过其中的任何研究细节,这样才诞生了这个著名的物理定律。他的这些研究方法,也使当时的科学界耳目一新。

看似偶然的发现

玻意耳常说:要想做好实验,就要敏于观察。在他众多科研成果中,有几项不能磨灭的化学成就就是实验中敏锐观察的结果。

寓意忠诚的紫罗兰很得玻意耳欣赏。一天他去实验室前,匆忙间见园丁把一篮美丽的深紫色紫罗兰送去书房,便随手拿了一束。实验室里他的助手正在将刚刚买来的盐酸往烧瓶里倒,玻意耳随手将紫罗兰放在桌子上后就去帮忙。刺激性的蒸气从瓶口冒了出来,慢慢地弥散在桌子周围。

商讨完当天的实验,玻意耳从桌子上拿起那束紫罗兰,回到了书房。他发现有盐酸液滴溅到了花上,于是把花放进水杯里泡泡。过了一段时间,杯子里浸泡的紫罗兰竟然变成了红色。玻意耳顿时兴趣大增,拿起那篮鲜花又去了实验室。

他把各种不同的酸用水稀释,然后将紫罗兰花放进去,发现深紫色的花朵逐渐都变成了红色。原来不仅盐酸,其他的酸也都可以将深紫色紫罗兰变成红色。于是玻意耳找到了能鉴定溶液是否呈酸性的简单方法,即用水和酒精制备紫罗兰花瓣的浸液,只需在待检验的溶液中加上一滴,根据其颜色变化,就很容易得出正确结论。

紫罗兰的花能够判断酸性,那么其他的花瓣行不行呢?玻意耳和他的助手们又如法炮制了玫瑰花瓣的浸液,发现也可以显示溶液的酸性。酸性能够判断了,那么碱性呢?玻意耳他们又搜集了地衣、五倍子、树皮和树根等能想到的东西,制取各种颜色的浸液逐个测试。他们发现有些浸液只在酸的作用下改变颜色,而另一些则在碱的作用下改变颜色。

　　反复试验后，玻意耳发现从石蕊地衣中提取的紫色浸液最有意思，酸能使它变成红色，而碱能使它变成蓝色。他用这种浸液把纸浸透，然后再把纸烤干，只要把这种纸片放进被测试的溶液中，就能验证其酸碱性。

　　——事实上，这时的玻意耳已经发明了石蕊试剂和 pH 试纸。

　　中国古代人们用煤烟、松烟等烟料，加上胶和中药等制成墨，使用时通过砚用水研磨成渗析性适中的墨汁，用于毛笔书写，书写出的字迹清晰、均匀，而且还带有飘逸怡人的墨香。中世纪的欧洲，人们用烟灰和着含树胶的水作为墨水，用长茎鹅毛管做笔，书写文字。由于制造技术的落后，西方的墨水如同水中放入黑黑的锅底灰，涩滞、凝结、渗漏，而且保存性极差，带有令人掩鼻的煤焦油味。

　　某天，玻意耳拿着前一天的实验记录，冲着做这些记录的助手直嚷嚷。这名助手慌忙跑过来一看，也顿时傻了眼。原来，他是新来的，不理解前面同伴们为什么要用硕大的文字做实验记录，就照自己的习惯用娟秀雅丽的小字对实验做了记录。结果今天来一看，由于墨水到处浸润，再加上频繁翻动，那些小字变得完全看不清了。

　　玻意耳非常生气，罚这名助手去写大字，然后自己单独做起了实验。实验中他让一名女仆跑前跑后帮他递些东西，结果发生了一个怪异的现象。当玻意耳用五倍子浸液与女仆递过来的试剂作用时，混合液竟然变得像乌贼逃跑时释放出的液体一样墨黑。原来女仆在慌乱中拿错了试剂瓶，递过来的是一瓶铁溶解于酸中的溶液。

　　想到玻意耳刚才生气的样子，女仆被自己的失误吓得半死；但玻意耳并没有发火，而是详细记录了实验的过程，并留了一些样品，便吩咐女仆去倒掉这些废液。屋漏偏逢连夜雨，女仆慌慌张张地端着废液盆出去时，与写完大字回来的那个助手撞了个满怀，废液溅到了助手雪白的衬衫上，令他怒不可遏。

　　女仆急忙道歉，并答应帮他把衬衫洗干净，但是污渍却怎么也洗不下来。两人大吵起来，声音惊动了玻意耳。见此情景他想，既然是洗不掉的黑色溶液，那么是否可以制造墨水呢？他用鹅毛笔蘸满了黑色液体，在纸上写下一些文字，感觉效果不错，就让助手仔细记录下制备墨水的过程，并逐一选定原料配方。

经过相当长时间的研究，玻意耳和他的助手终于制造出了高质量的墨水。人们沿用玻意耳的方法生产墨水长达一个多世纪，就连玻意耳第一部著作《怀疑派化学家》的手稿，也是使用他们自制的墨水，由那位助手用娟秀的小字记录的。

原本是想研究五倍子浸液的，却不小心研制出了一种高质量墨水。这不能不说是科研的奇妙之处。此外，玻意耳还从硝酸银中沉淀出了白色的物质——氯化银，发现它如果暴露在空气中，会变成黑色。这一发现为后来的人们把硝酸银、氯化银、溴化银用于照相技术上，做了先导工作。

——看来，在科学研究中，一个发现往往能引出另一个发现，层出不穷，总有惊喜！

怀疑派化学家

元素是一个多义词，通常情况下指要素，在代数学中指组成联合的各个部分，在化学上指具有相同核电荷数的同一类原子的总称。德国化学家温克勒曾经说过：宇宙间所有的化学变化，好似戏台上扮演的戏剧一幕一幕地演过去一样；在化学变化的戏剧里，最主要的角色当然要推元素了。可见元素在化学中的重要地位。

初中化学课本中对元素有简洁而明确的定义：元素，是具有相同的核电荷数（即核内质子数）的一类原子的总称。别看它的定义如此简单明了，这种说法可是经历了几千年的探索才形成的。古巴比伦人和古埃及人曾经把水（后来又把空气和土）看成是世界的主要组成元素，形成了三元素说。古希腊自然哲学提出了著名的四元素说，认为世界是由水、火、空气和土构成的。我国的五行说则认为世界是由金、木、水、火、土五种物质构成的。

十七世纪中叶，由于科学实验的兴起，积累了一些物质变化的实验资料，人们开始从化学分析的结果去探讨元素的概念。第一个对以往元素概念提出质疑的就是玻意耳，他在1661年出版了著名的《怀疑派化学家》，其中表达了他对亚里士多德的四元素说和炼金士们的三本原说的怀疑。

玻意耳所处的年代，还没形成真正的化学科学，化学的前身炼金术却很盛行。从事炼金术的人被称为炼金术士，他们梦想着将铅铜转化成金，将普通金属变成贵金属。虽然他们始终没能实现这一梦想，但还是为人们增添了很多化学技术知识。他们在从天然矿石中提炼金属，制造药物的过程中，掌握了很多实验技术，认识了一些金属和其他物质的性质，研究出了配制和使用盐酸、硫酸和硝酸的方法。

炼金术以古希腊四元素说为依据，认为世界上所有物质都是由土、水、气、火四元素组成。炼金术士以为只要改变物质中这四种元素的比例，就能使普通金属变成贵金属。为了实现物质间的转变，多少人耗尽自己的青春和财富，甚至他们的生命，隐姓埋名，陶醉于炉火烟气之中，面对自己亲手炼制的类似黄金的合金，憧憬着只要不断努力就能炼出真金的前景。

这种荒谬的论断，在玻意耳看来十分的可笑。他通过多次实验发现，铁就是铁，金就是金，不可能用火一烧铁就能变成金，把一个理论建立在这种模糊的概念上是十分危险的。他推崇客观的实验研究，既老老实实地记录实验中的成功，也实实在在地记录实验中的失败。

在玻意耳之前，也有很多科学家为走出"炼金"的迷宫，做了各种努力。意大利人毕林古乔就引导人们去冶炼其他金属；瑞士人帕拉塞尔苏斯带领人们进入医药化学世界；德意志人阿格里柯拉开创了矿物学促使人们更加重视实用;德意志医生李巴维最早创造了"化学"(chymia)一词,并定义为"通过从混合物中析出实体的方法来制造特效药物和提炼纯净精华的一门技术"。

玻意耳为了批驳炼金术士们的错误,完成了他的第一部化学著作《怀疑派化学家》。根据自己的实践和对众多资料的研究,玻意耳主张化学研究的目的在于认识物体的本性,因而需要进行专门的实验、收集观察到的事实。这样就必须使化学摆脱从属于炼金术或医药学的地位,发展成为一门专为探索自然界本质的独立科学。

当时古希腊著名哲学家柏拉图的四元素说已被许多人视为真理达两千年了,在此基础上炼金术士们提出的硫、汞、盐三要素理论也风靡一时。玻意耳通过一系列实验,对这些传统的元素观产生了怀疑。他指出:这些传统的元素,实际未必就是真正的元素,因为许多物质,比如黄金就不含这些"元素",也不能从黄金中分解出硫、汞、盐等任何元素;恰恰相反,这些元素中的盐却可以被分解。

在《怀疑派化学家》中,玻意耳大胆提出了元素的概念,并摒弃了各种错误见解,给元素下了一个明确的定义:元素是确定的、实在的、单一的纯净物质,用一般的化学方法是不能把元素分解成更简单的物质的;假使某种物质分解成更简单的物质,或者能转化为其他物质,那这种物质就不是元素了。在玻意耳的研究基础上,法国科学家拉瓦锡给元素下了更为明确的定义:元素是一种不能再分解的单一物质。

由于历史的局限,玻意耳没有解决"怎样得到元素"和"元素有哪几种"这两个问题,但他从实验中得出了元素肯定不是只有三四种,而是有许多种的结论。现在看来,玻意耳的元素概念实质上与单质的概念差不多;但是这在当时的认识上已经是一个很了不起的突破了,他使化学第一次明确了自己的研究对象,而且还强调了实验方法和对自然界的观察是科学思想的基础,提出了化学发展的科学途径。他深刻领会了培根重视科学实验的思想,反复强调:化学,为了完成其光荣而又庄严的使命,必须抛弃古代传统的思辨方法,而像物理学那样,立足于严密的实验基础之上。由于提出的正确的元素概念,玻意耳被公认为近代化学的奠基人。

无形学院的杰出门徒玻意耳兴趣广泛,有孩子般的好奇心和不倦的探索精神。他描述过铜盐能使火焰变成绿色,也观察到氨和硝酸或者盐酸相遇时会形成白色烟雾;他发现了石蕊浸液能指示溶液的酸碱性,还从人尿中提取了磷……

在这些过程中,玻意耳都把自己的发现,原原本本地公之于世。他提倡各种成果和情报共同使用,分歧观点公开讨论,并且要使用简单明白的语言。他认为,科学的进步不能只靠一个人的努力,必须允许在别人的研究基础上前进才行。

玻意耳一生温和、诚实、无私,给所有认识他的人都留下了深刻的印象。在争论的时候,问题不管多大,程度不管多激烈,他绝不嘲笑或者谩骂,总是真诚相待、彬彬有礼。他的头脑清醒而冷静,没有虚荣心和嫉妒心,从来也不关心名望和地位,而是醉心于实验探索。正如他自己所说:人之所以能效力于世界,莫过于勤在实验上下功夫。

我们生活中有实验吗?当然有,其实身边的每一个尝试都可以说是实验。尝试做一道菜,尝试跨越一道障碍,尝试走一段未知的小路……可是,做完这些,许多人可能一转眼就都忘记了。像记录实验过程一样写写日记,可以帮助我们回忆一天中的细节,乃至三省吾身。

——勤于实验,勤于记录,才能找到你的快乐源泉,写日记吧!

第二章
燃烧的秘密

火是变化无常、如梦如幻的。它光明,停电的夜晚,秉烛夜聊,带给我们无限畅快和遐想;它实用,烧火做饭,生火取暖,发电炼钢,无处不见它大显身手;它壮观,绚丽焰火,五彩缤纷,处处彰显它的美丽;可它也的确无情,漫漫山火,森林焚烧殆尽,硝烟战火,人们避之不及。人们想捏它一下,却怕被它烧着;想观察它,可它扭扭捏捏,摇摆不定;想关住它,反而加速它的熄灭。

远古时代,人们就注意到"火"了。偶尔火山爆发,炽热的岩浆冲向天空,落地处又腾起猛烈的火焰,场面十分惊人! 还有森林或草原突然燃起的野火,火焰升天,热浪灼人……面对"火"的暴戾,古人除了恐惧之外,谁也不能说出缘由,只好顶礼膜拜。

不过,人们渐渐学会了钻木取火,它给人们带来了熟食,让人们远离寒冷。管理火塘(室内生火取暖的小坑)成了古人一项神圣的职业,只有大祭司之类的"圣贤"才有资格担任。关于火的重要意义,伟大的革命导师恩格斯指出,火的使用使人类获得"世界性的解放",从而"最终把人同动物分开"。

——火到底是什么? 为什么会发生燃烧?

火　元　素

自古有关火的神话多得数不过来,但都不能说明火到底是什么。

我国古代先人提出了"金木水火土"五行学说,认为火是构成世间万物不可缺少的基本元素之一。也就是说,火是一种简单的初始物质,是构成世间万物的一分子。

古希腊的哲学家也提出了类似的说法,赫拉克利特把火当成一切事物的初始元素,甚至把整个世界都看成"一团永恒的火"。恩培多克勒把前人的学说加以综合,提出物质构成的"四元素说",即火、空气、水和土是构成万物的基本元素。

十五世纪,意大利科学家达·芬奇在实验中发现,若无新鲜空气补充,火就不能持续燃烧下去。不过,他没能继续研究不能持续燃烧的原因。后来,英国的物理学家、化学家罗伯特·胡克对燃烧问题产生了兴趣。他做了许多实验,观察很多物质的燃烧,对比空气对这些物质燃烧的作用,提出了十二种关于燃烧的学说,并指出:空气是所有硫素物体的万用溶剂,进行溶解作用时产生大量热,我们称它为火。

这种说法也蛮形象的,胡克观察的物质燃烧完后都变成了灰烬或气体,像糖溶解到水里就会看不见一样,这些物质通过燃烧"溶解"到了空气中。所以他把火称为能产生大量热的溶解,空气就是这个溶解过程中的万用溶剂。

德国医生、化学家贝歇尔,在医院工作时,发现实验后的小动物尸体在没烧之前有血有肉,五脏六腑样样俱全,烧掉之后却仅剩下一堆灰烬,而且动植物、矿物燃烧之后,剩下的灰烬都是成分更为简单的物质。也就是说,燃烧是一种分解作用,不能分解的物质,尤其是单质就不能燃烧。不过,他研究的燃烧物品都是有机物,解释也就相对片面了。

他的学生施塔尔,也受到老师的影响而研究燃烧。一天他在实验室里觉得寒风刺骨,于是点燃了一块硫黄取暖,同时观察燃烧现象。当硫黄燃烧完以后,他突发奇想,把灰烬与松节油一起煮沸,煮后的物质居然又能被他点燃了。于是他得出一个答案:每一种可燃物中都含有燃素,燃烧硫黄、煅烧金属时,其中的燃素逸去,当与富含燃素的物质(松节油)共煮时,又重新夺回燃素,可重新燃烧,所以物体中含燃素越多,燃烧起来越旺。

——千万不要模仿施塔尔在室内烧硫黄取暖,如果通风不够好的话,有中毒的危险!

青出于蓝而胜于蓝,施塔尔不是单纯地研究有机物的燃烧,还把重点移向无机物,增强了"燃素学说"的全面性,还得出了一个公式:可燃物－燃素＝灰烬。这个公式倒是很简单明了,它把燃烧现象与物质联系了起来,好像还能解释许多燃烧问题。比如,纸张、木材、油类之所以能燃烧,是因为含有燃素,油中的燃素最多,燃烧也就最旺。燃烧时的光和热,就是燃素从可燃物中被赶出来的现象。石头、黄金中不含燃素,所以不能燃烧。人的呼吸也是个缓慢的燃烧过程,因为这个过程很缓慢,所以不像木材、油那样能发出光芒,而只会缓和地放出热量。

几千年令人迷惑不解的燃烧之谜,似乎获得了较好的解释。它成了风靡世界的重要理论,统治化学界长达七八十年之久。

燃素说虽然被用来解释一些现象,但是到了十八世纪中叶,人们还是发现了它的破绽。在对许多化学反应进行了定量研究后,燃素说的某些理论就站不住脚了。首先,燃素究竟是什么东西,它有质量吗?这类问题连当时最权威的化学家也讲不出个所以然来。其次,按照燃素说物质燃烧时都会逸出燃素,同时质量减少,可是金属经过煅烧以后,质量是增加的,这又是什么缘故呢?

为了自圆其说,当时法国化学家文乃尔甚至提出,金属含有的燃素是有"负质量"的,因此燃烧后质量反而增加了。可这太经不起推敲了,连文乃尔自己也回答不上来:既然把燃素看成一种物质,怎么会有负质量呢?

——燃素说出纰漏了,但是,除了这样解释,还能怎么解释呢?

燃烧探密者们

怎样理解具有负质量的物质呢?它同燃素说究竟有哪些联系呢?这些疑问困扰着一位俄罗斯青年——著名的化学家罗蒙诺索夫。先来看看他的档案吧:

全名:米哈伊尔·瓦西里耶维奇·罗蒙诺索夫

生日:1711 年 11 月 19 日

星座:天蝎座

出生地:阿尔汉格尔斯克

毕业院校:彼得堡国家科学院大学

个人简历:

1730 年,十九岁的罗蒙诺索夫为了争取较好的学习条件,离家求学。

1731 年,来到莫斯科,被贵族学校拒招以后,冒充教会执事的儿子,进入斯拉夫–希腊–拉丁学院。

1735 年初,用五年时间完成了八年的课程,并取得优异成绩以后,被选派到彼得堡国家科学院大学深造。半年后,被派往德国学习采矿和冶金。

1736 年秋,先入马尔堡大学学习物理、化学等,后到弗赖堡学习矿业和冶金学。

1742 年,成为彼得堡科学院副研究员。

1745 年 8 月,成为圣彼得堡科学院院士和化学教授。

1748 年秋,按照自己的计划创建了俄国第一个化学实验室,开始了他的化学研究(1749 年前他主要是从事物理学研究)。

1755 年,创办了莫斯科大学。

1760 年,当选为瑞典科学院院士。

1764 年,当选为意大利波伦亚科学院院士。

1765 年 4 月 15 日,卒于圣彼得堡,享年五十四岁。

罗蒙诺索夫的燃烧研究开始于他的实验室,他借鉴玻意耳的实验,在密封玻璃容器中煅烧金属,然后研究为什么燃烧之后的灰烬会比原来的金属重。玻意耳认为:金属灰重量之所以增加,是由于有一种"热素"在燃烧时从火焰转入到了金属里；"热素"是种能够由一种物体注入另一种物体的无重量的液体。连罗蒙诺索夫的导师沃尔夫教授也确信，真的有"热素"这样的无重量液体；可罗蒙诺索夫认为这太不可能了，液体怎么会没有重量呢？他坚信这种解释缺乏说服力，肯定有其他原因。

他找来一个容器，装入铁屑，然后把火烧得旺旺的。当容器颈部的玻璃变软的时候，用钳子把口封死。这样制作出一个密封的容器。冷却后，先称量装有铁屑的容器重量，然后把它放进大型加热炉中进行煅烧。铁屑加热到一定温度以后，开始燃烧，最后慢慢变成黑色。他再次称量容器的重量，结果发现居然没有变化。他又用铅和铜做了同样的实验，煅烧后容器的总重量也都没发现有变化。

罗蒙诺索夫想，玻意耳是称量金属灰的重量，我也应该称一称这些金属灰的重量。称量的结果还是金属灰的重量比原来的金属重。密闭容器中除了金属和空气以外，并无其他物质，为何金属灰会变重，而总的重量却未发生改变呢？罗蒙诺索夫由此断定"热素"的观点是不正确的，金属灰的重量增加意味着并不存在一种无重量的液体，煅烧前后总的重量不变，金属灰增加的这部分重量，只可能来源于空气。

罗蒙诺索夫的研究成果已经快要接近有名的"质量守恒"定律了。他想说明的是，燃烧并不是燃素的释放，因为参与燃烧的物质总质量并没有变。

——燃素说遭到了俄罗斯化学家罗蒙诺索夫的小小冲击。

然而，发现氧的瑞典青年药剂师卡尔·威廉·舍勒并没有放弃燃素说。他也是个非常有趣的化学家，一生没进过学校进行系统的学习，但是他的研究成果却丝毫不逊于任何一位科学家。他还是一个典型的"三无"院士——没有毕业院校、没有任何职称、没有任何炫目的头衔，但这些都不妨碍他做化学实验的热情。

他天生是个搞化学的"材料"，一呼吸到实验室中浓烈的怪味，就仿佛吸入了兴奋剂，甚至闻硫黄燃烧的刺鼻浓烟、吸入硝酸令人窒息的味道，也不感到讨厌。他每天都要做实验，经常用火来加热，可对于火的真正性质却不太了解。

舍勒从书籍中看到，大约一百年前英国的玻意耳等化学家曾证明过蜡烛、煤炭、木材等能够燃烧的物质，只能在空气充足的地方燃烧；空气越多，燃烧越旺，火焰会更明亮、更剧烈。他觉得这很有趣，而且非常想知道，物体燃烧为什么一定需要空气呢？

像火一样，空气也是人类最早认识的物质之一。中国古人把"气"看成是构成世界的要素，古希腊阿那克西米尼人同样认为万物来源于气。火是离不开空气的，所以在研究过程中，很多人都意识到了空气的作用。

人们当时把空气看成一种不可分的元素，于是舍勒就想看看在燃烧的时候，空气会起什么变化？他将白磷切下一小块放进烧瓶，塞紧瓶口后移到燃烧着的蜡烛上。瓶里的白磷立刻熔化，沿着烧瓶底部摊成一片。几秒钟之后，白磷爆发出明亮的火焰，烧瓶内浓雾弥漫，不再透明了。又没多久，浓雾弥漫的瓶壁上，像是结了一层白霜。舍勒等烧瓶冷却以后，将瓶口朝下放进水中，然后拔去塞子。奇怪的事情发生了，盆里的水竟由下而上涌进烧瓶中。当水面稳定之后，他测量出涌入瓶中的水的体积，大概是烧瓶体积的五分之一。

舍勒又进行多次重复实验，发现无论把什么东西放在密闭的容器里燃烧，容器内的空气在燃烧后都会减少大概五分之一。不仅易燃固体如此，他还检测了易燃气体在空气中的燃烧。他把铁屑放进一个小瓶里，然后倒入稀硫酸溶液，再塞上一只事先配有一根长长玻璃管的软木塞。这其实就是我们在实验室里常做的氢气制备实验。当瓶子里开始冒出气泡时，他将一支点燃的蜡烛移近玻璃管口，冲出来的气体立刻燃烧起来,并形成尖细的淡蓝色火舌。

接着,舍勒在将小瓶放进水缸里,用空烧瓶罩在火舌上,慢慢将烧瓶口插进水里,这样就形成了一个密闭的空间。一开始气体还在不断地燃烧,烧瓶内的水面则不断上升。水越升越高,气体的火焰也越来越小。当火焰完全熄灭时,他发现涌入烧瓶中的水差不多也是占烧瓶体积的五分之一;而此时铁屑还在与稀硫酸产生气泡,但烧瓶内却再也燃烧不起来了。

烧瓶里不是还剩五分之四的空气吗,火为什么会熄灭呢?失踪的五分之一空气一定是在燃烧过程中消失了,但是另外五分之四为什么没有消失呢?难道烧瓶里剩下的空气和在燃烧时消失的空气是不一样的?舍勒百思不得其解。

舍勒对空气的成分做了大量的研究,他发现燃烧剩下的空气都是"死"的,一点用处也没有。有一次,他把几只老鼠关到了装满"死空气"的罐子里,老鼠很快就被窒息而死。于是,他断定,空气不是什么单一的物质,而是由两种截然不同的成分混合而成的。一种成分能够帮助燃烧,而且在燃烧后会不知去向;另一种成分含量比较多,但对火不起作用,在物质燃烧后会毫无损失地保留下来。

他很兴奋地观察着这些现象,让他更感兴趣的是前一种成分,那种能助燃的气体。他想起实验中曾经出现过坩埚里硝石在熔化时,烟炱的细末飞过坩埚上空时会突然着火。难道硝石冒出的气体就是那种能够助燃的空气吗?于是,他专心研究硝石,反复将硝石加热,或单独蒸馏,或和浓硫酸一起蒸馏,还与硫一起捣碎,与碳一起研磨……

——好吧,没有当场烧起来,真的算他幸运。"一硫二硝三木炭"这可是黑火药的配方啊!

终于,有一天,舍勒手持一只"空"瓶子,从实验室里冲出来,大声喊道:"火焰空气!火焰空气!"他取出一块即将熄灭的炭,扔进手上的那只"空"瓶子,那炭立即迸发出白色火焰。他又找来一根细柴,点着后吹熄火焰,放进盛着"火焰空气"的瓶子里,几乎熄灭的细柴又明显地燃烧了起来。

"火焰空气"就是那个能助燃,能让带火星木条复燃的氧气。那时的人们还没有统一各元素的名称,氧气被舍勒取名为"火焰空气"。后来舍勒又找到了几种制备纯净"火焰空气"的方法。最简单的是加热硝石;另外,还可以用水银的红色氧化物做原料,加热之后收集,也就是我们现在课本里讲到的,加热分解氧化汞得氧气。从此,舍勒迷上了他的这个新发现。

一天,他把磷放入盛满"火焰空气"的密闭烧瓶中燃烧,烧瓶冷却后,刚打算把它放进水里,就听见一声霹雳,震得他耳朵都快要聋了,手里的烧瓶也炸碎了。他选了一只更结实壁厚的烧瓶,试着再次做这个实验。待磷烧尽,烧瓶冷却以后,他却发现瓶塞怎么也拔不出来了。这使他确信是因为瓶子里的"火焰空气"被燃烧殆尽,瓶里出现了真空,所以第一个瓶子被外面的大气压压碎了。

这再次证明"火焰空气"就是空气中具有助燃性,在燃烧后跑掉的那一部分。舍勒找到了支持燃烧的一个必要条件:必须要有能助燃的"火焰空气"。

找到"火焰空气"的不只舍勒,英国一位神学院毕业的牧师普利斯特里,也发现了这种类似的气体,并把它称为"活命空气"。他不仅能制作舍勒的那种"火焰空气",而且还发现把动物放进燃烧过的容器时,动物会被窒息而死;但是把植物放进去一段时间以后,植物不仅不会死,还能使得容器中的气体又"活"过来。他还亲身感受了"新空气"的滋味儿,用玻璃吸管把"新空气"吸入口中,感到十分舒畅。

不过,舍勒和普列斯特里都是是燃素说的忠实信徒,他们对自己所有的发现都要贯以燃素说。舍勒认为将要熄灭的木条能在"火焰空气"中重新燃烧,纯粹是一种偶然现象,而普列斯特里则认为"新空气"只是硝酸、土和燃素的混合物,并非一种新的元素,而是"火燃素空气"。这些本来可以推翻燃素学说、使化学发生革命的实验结论,被他们重新放回燃素说里了。

揭开燃烧之谜

又一个不"安分"的人——拉瓦锡出现了,他出生于法国巴黎的一个律师家庭,是个"不务正业"的律师。先来看看他的档案吧:

全名:安托万-洛朗·拉瓦锡

生日:1743 年 8 月 26 日

星座:处女座

出生地:法国巴黎

毕业院校:巴黎大学

个人简历:

1754 年,就读于马莎林学院。

1761 年,进入巴黎大学法学院,并获得律师资格。

1764 年,作为地理学家盖塔的助手,进行采集法国矿产、绘制第一份法国地图的工作,其间参加法国科学院关于城市照明问题的征文活动并获奖。

1767 年,与盖塔共同组织了对阿尔萨斯·洛林地区的矿产考察。

1768 年,成为法兰西科学院院士。

1770 年,为证明"水长时间加热不能变成土样的物质",将蒸馏水密封加热一百零一天,发现水的质量并没有减少。

1771 年,与同事的女儿玛丽·安娜·皮埃尔莱特结婚。

1772 年,开始对硫、锡和铅在空气中燃烧的现象进行研究。

1773 年,重复了普里斯特利的实验。

1777 年,正式把这种气体称之为 oxygen(中译名为氧),并向法兰西科学院提出了一篇报告《燃烧概论》,阐明了燃烧作用的氧化学说。

1787 年,先后与克劳德·贝托莱等人合作,设计了一套简洁的化学命名法。

1789 年,发表了《化学基本论述》。

1790 年,参与制定新度量衡系统。

1791 年,起草报告,主张采取地球极点到赤道的距离的一千万分之一为标准(约等于一米)建立米制系统。

1793 年 11 月 28 日,因参与包税组织被捕入狱。

1794 年 5 月 7 日,开庭审判,处以死刑,并于二十四小时内执行。

1794 年 5 月 8 日早晨,泰然受刑而死。一颗科学巨星就此陨落,人们不禁为之感概。但他对"燃烧"的贡献却留了下来。

拉瓦锡也是玻意耳的崇拜者,对他写的《怀疑派化学家》一书爱不释手,还经常抱着自然科学的书去上法律课。拉瓦锡顺利通过了政法大学毕业考试,获得了法学学士学位。不过,工作没多少年,他决定放弃律师职业,走上了科研之路。1768 年,年仅二十五岁的拉瓦锡被巴黎科学院院士们推举为新的院士。

一天,他读到卢埃尔教授的一篇文章中的,在高温下灼烧金刚石,会使金刚石消失得无影无踪后,产生了兴趣。于是找来几块金刚石,把它们逐个涂上厚厚的一层石膏密封起来,然后进行加热。小球很快被烧红了。几小时后,当它冷却下来,剥掉外面一层,金刚石竟然完整无缺。果然,金刚石的消失确实与空气有关,拉瓦锡推测卢埃尔教授那些无影无踪的金刚石也许是与空气结合在一起了!

这是个很神奇的发现,其他物质的燃烧是不是也这样呢?于是他又着手做硫和磷的燃烧实验。拉瓦锡称量磷燃烧后生成的白烟,发现它们比燃烧前磷的质量要大。于是他想:磷可能与空气结合在一起了,那么磷与多少空气结合了呢?又是怎么结合的呢?

于是,他又将容器换成扣在水面上的一个玻璃罩,继续燃烧磷。只见白烟充满了整个密闭容器,磷很快就熄灭了。燃烧过程中水面在玻璃罩内不断上升,静止后大约占去密闭容器容积的五分之一。这与舍勒的实验结果不谋而合。

经过一次又一次的实验,拉瓦锡认定空气不是一种元素,而是由两个部分组成:一部分能维持燃烧;另一个部分不维持燃烧。他还指出:燃素说是站不住脚的。

就在拉瓦锡紧锣密鼓地研究燃烧现象时,前面提到过的英国牧师兼化学家普利斯特里来到了巴黎。他偶然发现用大凸透镜聚焦,加热"汞灰"(即 HgO)能产生大量的气体,这种来自"汞灰"的空气可以助燃,而且有利于动物的呼吸。他还证明,在阳光照射下的绿色植物也能发出这种气体。不过,他是燃素说的忠实粉丝,他把这种空气称为"脱燃素空气"。

当时,拉瓦锡已经闻名于欧洲了。不少前往巴黎的科学家都热衷于去拜访他,并参加以他家为中心的科学沙龙。普利斯特里也被热情地邀请到了拉瓦锡的家里做客。两位科学家当时都在研究燃烧现象及气体,交谈起来自然十分投入。普利斯特里讲到了他发现的"新空气"过程,还表演了他那个将木条熄灭,放进"新空气"后又能复燃的"魔术",试图说服拉瓦锡相信燃素说。

拉瓦锡一边看、一边听、一边思考,还认真地做着记录,反复研究普利斯特里的"魔术"和论断。普利斯特里的谈话和表演给了他很大的启发,他发现普利斯特里所说的"新空气"可能就是他正在研究的

"活空气"。拉瓦锡试着做了普利斯特里提到过的所有实验，终于摸清了空气的构成。在给科学院的报告中，他把这种"空气中最纯净的部分"，叫做"最适宜于呼吸的空气"或"给予人力量的空气"，也就是我们现在所说的氧气。

同时拉瓦锡也发现了火的实质以及燃烧的化学机理：燃烧就是可燃物与空气中的氧气相互结合的过程。后来，英国化学家卡文迪许也在实验中进一步证实氧气可以和氢气结合生成水，至此拉瓦锡完成了全部氧化理论，他终于完全解开了燃烧的秘密。

拉瓦锡的过人之处在于，他具有非常严谨而细致的科学精神。每次实验他都用天平称量一下反应前后的物质重量，这是他领先他人的一个原因。与罗蒙诺索夫一样，拉瓦锡意识到物质不灭定律，当燃素说的捍卫者来抨击他时，他拿出的最有力的证据就是那些天平测量出的真实数据："我不知道什么燃素，我从来没有见到它。我的天平从来没有告诉过我燃素的存在。我拿纯净的易燃物如磷或纯金属，放在密闭容器里燃烧。在容器内部，除了'活空气'以外，什么也没有。结果是易燃物和'活空气'不见了，却有了一种新物质如干的磷酸或是金属灰。这些新物质的质量跟易燃物和'活空气'加在一起的质量刚好相等。"

更多的人开始相信拉瓦锡的理论了，物体燃烧就是和"活空气"化合成一种新物质的过程；至于燃素，根本就没有这个东西，提起它反而无法说明燃烧的过程。虽然拉瓦锡的理论遭到了众多拥护燃素说的化学家的百般责难，但是在拉瓦锡一个比一个更具有说服力的实验数据面前，燃素说的拥护者们也不得不开始动摇。

为推广新的化学理论，拉瓦锡创办了《化学年鉴》期刊，于 1789 年4 月在巴黎正式出版。拉瓦锡在前人及同行的基础上，终于推翻了燃

素说的百年统治,完成了从氧气的发现到燃烧学说的建立,其要点:
(一)燃烧时会放出光和热;(二)只有在氧气存在时,物质才会燃烧;
(三)空气是由两种成分组成的,物质在空气中燃烧时,吸收了空气中
的氧,因此重量增加,物质所增加的重量恰恰就是它所吸收氧的重量;
(四)一般可燃物质(非金属)燃烧后通常变为酸,氧是酸的本原,一切
酸中都含有氧。

　　拉瓦锡还通过精确的定量实验,证明物质虽然在一系列化学反应
中改变了状态,但是参与反应的物质总量在反应前后是不变的。他用
实验证明了化学反应中的质量守恒定律。拉瓦锡的氧化学说彻底推
翻了燃素说,自此越来越多的人相信定量实验的威力。

　　——燃烧的秘密才大白于天下了!

　　从人类开始使用火,到拉瓦锡创立燃烧学说,其经过十分坎坷,仅
仅一个燃素说就统治了大约一百年。可以想象人们对未知世界的探
索是多么艰难。即便如此,为什么仍然有很多人心甘情愿地在这条道
路上不断探索呢?

　　可能是人类天生的好奇心,促使人们在未知的路上不断探索。想
想小时候盯着蚂蚁看它们搬运食物,感觉它们去的地方或许会有另一
个新奇的王国的经历,许多人的这种新奇感与生俱来。在好奇心的驱
使下,人们最终能通过实验揭示出事物本来的样子。

　　虽然揭示真理的过程很艰难,但这个过程会十分吸引人,吸引人
们去探索去发现。就像神笔马良的笔,就像纳尼亚传奇中的冰雪世
界,总能给我们带来惊喜。因此,不要放过生活中任何一个小小的好
奇,要知道每解决一个问题就是开启了一个新奇的世界。

　　当然我们也要承认并不是所有的人都有同样的机会和能力,所以
当发现身边有像燃烧探秘者们这样的人时,一定要懂得保护他们、帮

助他们。因为他们有可能拥有类似于拉瓦锡那样聪明的大脑，能想到那些我们想不到的改变世界的方法。帮助他们，检验他们的想法，实现他们的想法，既能让社会得到发展，也能让人们了解更多新奇的东西。

学会探索世界，或学会帮助他人探索世界，都一样是妙不可言的事情。

——努力终会有所收获，人类世界就是在探索中发展起来的。

第三章

解剖实验触发的强大电力

在巴金所写的《家》中，提到过一个被称为"死蛙运动"的实验。这说明在 1933 年 5 月该单行本出版之前,学校里已经在进行这种实验了。这种实验学术上应该叫脊蛙实验,是指蛙在没有脑而只有脊髓的情况下,可以出现搔扒反射;而在没有脑,脊髓又受损的情况下,则不能出现搔扒反射。因为实验时蛙已经死了,所以有死蛙运动的说法。由于搔扒反射的部位主要是蛙腿,有些做过这实验的人笑称"只需要把牛蛙的秋裤脱掉就可以了",所以这种实验也被称为蛙腿实验。

蛙腿实验是研究动物神经反射必做的实验,其大致过程是:先宰杀牛蛙,剪去其头部;然后刺激蛙腿神经,观看蛙腿受到外界刺激以后出现的搔扒反射,也就是抽搐,像活蛙那样弹起来。不过,既然蛙已经死了,就算神经细胞都还活着,传导通道是通畅的,可它为什么会出现搔扒反射呢?

肌肉运动中的电力

最先尝试蛙腿实验的是意大利的医生兼动物学家伽伐尼。他最擅长的是解剖,后来有人也直接称他为生物学家。解剖是指"为了研究人体或动植物各器官的生理构造,用特制的刀、剪把人体或动植物体剖开"。解剖学是一门历史悠久的学科。早在史前时期,人们通过长期的实践,如狩猎、屠宰畜类和战争负伤等,就已经对动物和人体的外形与内部构造有一定认识。

随着文艺复兴科学有了蓬勃的发展,解剖学也有了相当的进展。现代解剖学的奠基人维萨里于 1543 年出版了名著《人体结构》。不过,伽伐尼的解剖研究对象可不是人,而是蛙。一起来看看他的档案吧:

全名:路易吉·伽伐尼

生日:1737 年 9 月 9 日

出生地：意大利博洛尼亚

毕业院校：博洛尼亚大学

个人简历：

1756 年，进入博洛尼亚大学学习医学和哲学。

1759 年，从医，并开展解剖学研究，还在大学开设医学讲座。

1766 年，任大学解剖学陈列室示教教师。

1768 年，任讲师。

1782 年，任博洛尼亚大学教授。

1792 年，把自己长期从事蛙腿痉挛的研究成果发表，这个新奇的发现令科学界大为震惊。

1798 年 12 月 4 日，在博洛尼亚去世，享年六十一岁。

伽伐尼 1780 年解剖蛙的故事有很多个版本。有的说是他在与妻子一起在厨房用蛙腿做菜的时候，偶然发现的；也有的说是他的助手偶然发现后告诉了他，然后他进行了验证实验。

——不管是哪一种情况，总之，有那么一次神奇的蛙腿解剖实验。

故事的一个版本大概是，伽伐尼把蛙切开准备做实验，当他的助手不小心用解剖刀轻轻触碰到一只蛙腿外部神经的时候，腿上所有肌肉突然收缩，似乎要抽搐起来。助手吓了一跳，伽伐尼却对这奇特的现象产生了浓厚的兴趣，于是停止手头的工作，决定马上重来一次。

重新实验不仅观察到了同样的结果，他注意到触碰蛙腿时，一旁的静电器刚好打出了一个火花。或许是静电器蹦出的这个电火花让蛙腿弹起来了？但是这只蛙腿和静电器的导线或者导体完全没有接触，而且保持着不小的距离。于是，他又做了一次实验，并让助手在实验的同时观察旁边静电器的反应。当他将解剖刀刀尖再次靠近蛙腿神经时，助手观察到静电器中的火花。同样的现象果然再次发生了，就在产生火花的那一瞬间，蛙腿神经收缩了起来。

　　科学是严谨的,伽伐尼想到了要在各种不同的条件下重复这个实验。起先,他用铜丝与铁窗连着,分别在雨天和晴天做实验。发现无论晴天还是雨天,蛙腿都能发生痉挛。一开始,他以为这是"大气电"的作用;但后来,他在一间密闭的房间里,将蛙腿放在铁板上,用铜丝去触碰,蛙腿像以前一样也发生了痉挛性收缩,这样就排除了外来电的可能性。

　　换成别的材料来触碰行不行呢？于是,他又用各种不同的物体做实验,但是当用玻璃、橡胶、松香、石头和干木头等代替金属导体的时候,就不会出现上述现象了。这说明只有金属能够让蛙腿弹起来。

　　伽伐尼对蛙腿实验的解释受到了他姨妈的影响。他姨妈安琪尼奥是一位和蔼可亲的人,住在亚得里亚海滨一个美丽的小镇上。小镇的生活宁静安逸。少年时代的伽伐尼最喜欢去安琪尼奥姨妈家度过漫长的暑假。

　　安琪尼奥姨妈患有非常严重的风湿性关节炎,这种疾病让她苦不堪言。沿海居民很早就发现用电鳗、电鳐刺激人体可以治疗头痛和风湿类疾病。安琪尼奥姨妈通过这些带电的鱼放出的电进行"电疗",从而缓解了病痛。

　　伽伐尼在成为博洛尼亚大学医学系助教后开始对这些带电的鱼进行研究实验。经过解剖他发现,在带电鱼胸部两侧的皮肤里各藏有一个由纤维组织所组成的,连接神经纤维的蜂窝状发电器。凭借着这种发电器,电鱼能够发出足以令人麻木的强电流。电鱼就是凭借这种能够自控,并能随时发出来的电,获取食物或击退强敌。

　　电鱼放出的电和普通的电是一样的吗？蛙腿的抽搐现象会不会也是电的原因？伽伐尼在思索。他猜想动物体内可能存在某种电,如果使神经和肌肉同两种不同的金属相接触,再将两种金属相连,这种电就被激发出来了;这很可能是从神经传到肌肉的特殊"电流质"引起的"生物电"，就像那些能发电的鱼那样。

这种电，是不是与外界的电是一样的呢？他把金属箔贴在蛙的肌肉上，做成一个莱顿瓶（电容器的雏形），蛙腿会抽搐得更厉害。他还用金属弧接触蛙的神经和腿，也得到明显的搔扒反射。特别是，如果这种金属弧是由两种不同金属组成的时，搔扒反射会强烈很多。

面对着多姿多彩的生物电现象，伽伐尼感觉自己进入了一个神奇的世界，他对此进行了长达十几年的研究。1792年，伽伐尼将其研究成果写成论文《论肌肉中的电力》，引起了科学界的瞩目和认真研究，甚至"蛙腿实验"也成了街头巷尾频频议论的话题。次年，他将自己长期观察的研究成果，在英国皇家学会会议上进行了阐述。会后的演示实验上，人们都为伽伐尼伟大的发现而喝彩。

一天，伽伐尼完成一个有关蛙腿实验的演讲后，助手告诉了他伏打进行相关实验的消息。伏打在实验中非常大胆地采用了伽伐尼没有用过的方法，把两块性质不同的金属改换成了两块相同的金属，结果蛙腿立即停止了抽搐。因此，伏打认为，使青蛙腿抽搐的能量的确来自一种新的电能，但这种电能不是由动物细胞组织产生的；若只用一种性质的金属做实验，蛙腿就不会产生抽搐现象了。

伽伐尼看到伏打的实验结果，觉得十分震惊，甚至有点难受。他重复了伏打的实验，确实只用一种金属蛙腿不会抽搐。可是想到能治疗安琪尼奥姨妈的电鳗，以及许多生物放电的实验，伽伐尼又信心倍增。他坚信电鳗不会欺骗自己，还是认为这些电来自动物组织。

伽伐尼加紧为自己的理论进行有根据的实验，为此他还捕捉到了一条比想象中大得多的带电鱼。还有一次，他干脆不用任何金属作导体，剥出一条蛙腿神经，一端缚在另一条蛙腿肌肉上，另一端和脊髓相接，结果蛙腿仍然会有抽搐现象。伽伐尼发现了动物电，并揭开了科学的两个伟大的篇章——电生理学和伽伐尼电流的研究。伽伐尼直到 1798 年辞世,还是相信动物体中的电和普通的电是不同的。

这期间,伏打也更加热火朝天地做着自己的实验,因为他清楚地看出了问题的一部分,但并不全面。伽伐尼和伏打为了证明各自观点的正确性开始了论战。

——科学的论战也是一种竞赛,不论谁取得了胜利,都是人类的福祉。

爱做电学实验的人

伏打这个名字对我们来说可能比较陌生,但伏特就不同了,物理中电动势的单位"伏特"(简称"伏")就是以伏打的名字命名的。一起来看看他的档案吧:

全名:亚历山德罗·朱塞佩·安东尼奥·安纳塔西欧·伏打

生日:1745 年 2 月 18 日

出生地:意大利科莫

毕业院校:只接受过耶稣会教育

个人简历:

1761 年,开始与一些著名的电学家通信。

1764 年,写了首关于化学发现的六音步的拉丁文小诗。

1769 年,发表了第一篇科学论文。

1775 年,因发明了起电盘,而担任科莫皇家学校的物理教授。

1777 年,去瑞士游历,见到了伏尔泰和一些瑞士物理学家。

1779 年,担任帕维亚大学物理学教授,他的名声开始扩展到意大利以外,苏黎世物理学会也选举他为会员。

1792 年,在读到伽伐尼 1792 年发表的文章以后,又去国外作了另一次长途游历,这次并不限于邻近的瑞士,而是到了德国、荷兰、法国和英国。他访问了一些最著名的同行,例如拉普拉斯和拉瓦锡,有时还和他们一同做实验,并被选为法国科学院的通讯院士,不久又被选为伦敦皇家学会的外国会员。

1800 年 3 月 20 日,宣布发明了伏打电堆,这是历史上的神奇发明之一。

1801 年,去巴黎,在法兰西科学院表演了他的实验,当时拿破仑也在场,他立即下令授予伏打一枚特制金质奖章和一份养老金。

1804 年,要求辞去帕维亚大学教授而退休时,拿破仑拒绝了他的要求,赐予他更多的名誉和金钱,并授予他伯爵称号。

1827 年 3 月 5 日去世,享年八十二岁,人们为了纪念他,将电动势的单位取名"伏特"。

人类对电磁现象的认识是从研究静电现象开始的。几千年以前,古希腊人就发现琥珀经摩擦后会吸附线头、灰尘之类小物体。我国东汉时期王充所著《论衡·乱龙》里也有"顿牟掇芥,磁石引针"的记载。

汉字中的电,本意为闪电,繁体写作"電",从雨从申;现代汉语解释作,"有电荷存在和电荷变化的现象。电是一种很重要的能源,广泛用在生产和生活各方面,如发光、发热、产生动力等"。

英文中的电(electricity)则是在 1646 年左右出现的,它当时的含义就是"吸引轻小物体的力"。因为从十六世纪起,人类对静电现象开始进行科学的观察与研究,其中最有名的一位是英国伊丽莎白女王的御医威廉·吉伯,他在观察和研究大量静电现象后,出版了《论磁石》一书。书中提到除了琥珀之外,钻石、蛋白石、蓝宝石和硫黄等十多种物质都具有吸引轻小物体的能力。吉伯将这类物质都冠以起源于琥珀的名称"埃莱克特里卡"。

1932 年在伊拉克的巴格达附近还发现过一个黏土瓶,据说有上千年的历史了。它有一根插在铜制圆筒里的铁条,可能是用来存储静电的。这黏土瓶的秘密可能永远无法被揭晓,但对电的好奇,促使人们想尽一切办法,研究与电有关的现象。

——要研究电现象总得要有电才行吧?

自然界里能感受到的电多是飘忽不定的。衣服上的静电,抖几下就没了;天空中的雷电,也是一闪即过。研究者们迫切需要能产生电的装置。最早的静电起电机出现在十七世纪,盖利克利用摇柄使一个硫黄球(后改用玻璃球)迅速旋转,用人手(或皮革)与之摩擦起电。相当于模拟自然界摩擦起电的原理。

十八世纪四五十年代,发电装置的改善和大气电现象的研究,广泛吸引了物理学家的兴趣。1745 年,普鲁士的克莱斯特利用导线将摩擦所起的电引向装有铁钉的玻璃瓶。当他用手触及铁钉时,受到了猛烈的一击。可能就是在这个发现的启发下,莱顿大学的马森布罗克于 1746 年发明了收集电荷的"莱顿瓶"。它的内部构造就有一点像巴格达出土的那个黏土瓶。

简单些说,莱顿瓶就是我们今天使用的电容器的前身,是一种存储电荷的装置。莱顿瓶很快在欧洲引起了强烈反响,电学家们不仅利用它来做大量的实验,而且还做了大量示范性表演。其中最壮观的是法国人诺莱特在巴黎一座大教堂前邀请了路易十五的皇室成员观看,七百名修道士手拉手排成一行,排头的修道士用手握住莱顿瓶,排尾的握住瓶的引线。一瞬间,七百名修道士因受电击几乎同时跳起来,在场的人无不目瞪口呆。

伏打也被这种热火朝天的电学热情所感染,在青年时期就开始了电学实验。伏打十六岁起与一些著名电学家通信,其中就有都灵的贝卡里亚。贝卡里亚是一位很有成就的国际知名电学家,他劝告伏打少提出理论、多做实验。随着岁月的流逝,伏打对静电的了解可以和当时最好的电学家媲美,他开始制造各种有独创性的实验仪器。

1775 年,伏打创造出一种起电盘,同样是利用摩擦起电的原理。

它是由一块绝缘物质(石蜡、硬橡胶、树脂等)制成的平板和一块带有绝缘柄的导电平板组成的,能够连续取得并可积累较多正、负电荷,可以使莱顿瓶充电,与其他仪器配合使用,可进行静电感应、雷电模拟、尖端放电演示等有关静电的实验。

制造出了起电盘,伏打强烈地感到他必须定量地测定电量。他设计了一种静电计,能以可重复的方式测量电势差,这就是各种绝对电计的鼻祖。他还为他的静电计建立了一种刻度,根据电盘的发明和他的描述,推测他当时设定的单位大约是今天的 13.350 伏。

伏打不只研究电学,也研究化学。他通过观察马焦雷湖附近沼泽地冒出的气泡,发现了沼气。他把对化学和电学的兴趣结合起来,制成了称为气体燃化计的仪器,可用电火花点燃封闭容器内的气体。

获得连续的电流

在伽伐尼的印象里,伏打是个充满朝气,满脑子古怪想法的青年人。这些对电学的"古怪想法"让伏打怀疑伽伐尼所说的动物电。1793 年伏打应邀参加了英国皇家学会的会议。在科学家的心目中,皇家学会的会议是个盛大的科学节日,是个群星荟萃的精英大会,来自欧洲各地的科学家汇集一处,交流最新的科学发现并切磋科研技艺。

伽伐尼也参加了这次盛大的聚会,他的实验一在会议上公布就引起了轰动。有人夸张地认为,伽伐尼的实验可以使死人复活。伽伐尼则认为他发现了存在于肌肉之内的"生物电"。蛙腿实验征服了伏打,伽伐尼也成了伏打心中的英雄。用伏打的话说,伽伐尼实验的内容"超出了当时已知的一切电学知识,因而它们看起来是惊人的"。

两人在一同返回意大利的途中进行了深入而亲密的交谈。共同的志向让二人变成了无话不谈的朋友,他们一路无心观赏景色,只是不住地交谈着研究中的种种经历。伽伐尼告诉伏打自己是怎么偶然发现蛙腿抽搐的。伏打却老想那两只神奇的金属片，不管伽伐尼怎么说，他始终认为秘密就在那两片金属上。

回到帕维亚的实验室里，伏打重复着伽伐尼的实验。实验确实像伽伐尼说的那样，电流像是贮存在肌肉中。起初伏打找不出实验突破点，认同伽伐尼用蛙腿做莱顿瓶；但几个月后他开始怀疑蛙腿在实验中的作用，认为蛙腿可能只是一种探测器，或者验电器，用来显示电的存在，而电源则在动物体之外。

他开始尝试更换不同的金属来做这个实验。当他用同样的两种金属来做这个实验时，却看不到明显的蛙腿抽搐。不是蛙腿中存在着"动物电"的吗？怎么换了同一种金属，"动物电"就消失了呢？他对伽伐尼的结论有了质疑。这一质疑使伏打的研究发生了根本性的转折，即由过去重视蛙腿实验本身转向重视金属的生电性质。

在进行了一系列实验之后，伏打将实验结果寄给了伽伐尼。不料这一举动竟引起了伽伐尼的批驳。伽伐尼坚定地认为实验中蛙腿的搔扒反射是"动物电"的作用，不认可伏打的结论。由于两位科学家都坚持自己的观点，一场关于蛙腿的科学论战就这样开始了。

伏打强烈地感到，必须定量地测量电量；而那个年代仅有的电学实验仪器都是用来研究静电的，既没有电压表，也没有电流计，而且金属相互接触产生的电流又极其微弱，测量起来很困难。于是伏打用上了1781年研制的麦秸验电器，后来又加入电容器，制成能够测定微量电荷的静电计。

他用静电计反复测量两种不同金属相互接触时的电势差，发现如果将铜线定作一端，改换不同的金属与之相连，成为实验的另一端时，蛙腿抽搐的激烈程度会随金属的不同而发生改变。伏打想，如果电是存在于肌肉中的，改变这些金属时，蛙腿肌肉的收缩就不应该有变化。

于是他认定,这种电一定是来自于金属,而不是来自蛙的肌肉。他倡导应该用"金属电",来代替"动物电"这个名称。这个观点一公布,犹如引爆了一颗重磅炸弹,激起了人们的争论。

伏打用自己设计的静电计测量着每一种不同金属组合产生的电势差,得到的结果与我们现在所知道的电势差没有多大差别。经过三年的无数次实验,他得出这样一些结论:导体可以分为两大类,第一类是金属(他把黄铁矿和木炭也包括在内)称为第一类导体或干导体,并称当它们接触时会产生一定电势差,但不是很大;第二类是液体(即现在我们所称的电解质),它们中含有一些金属元素称为第二类导体或湿导体,并称湿导体之间接触时不会产生明显的电势差。他指出:把干导体与湿导体接触,就会引起电的扰动,产生电运动。

经过不断测量不同的金属之间、不同的能导电的溶液之间,以及金属与能导电的溶液之间的电势差,伏打发现当两种金属与能导电的溶液接触时,两个金属电极之间能测到电势差,而溶液与金属之间,不同的能导电的溶液之间都没有这样的电势差。他将不同的第一类导体与铜丝进行电势差测定,根据电势差的高低得到锌→铅→锡→铁→铜→银→金→石墨→木炭的排列,这就是著名的伏打序列,也是我们现在使用的金属活动顺序表的前身。

然后,伏打又把它们来了一个组合搭配,继续研究两种金属相接触产生的电现象。他发现同一种金属在不同搭配中会带上不同的电荷,比如一种金属与某种金属接触时带正电,与另一种金属接触的时候又变成了带负电。将任意两种金属接触,按照前面得到的序列,排在前面的那种金属总会带正电,排在后面的那种金属则总会带上负电。也就是说金属究竟带何种电,取决于它和与它接触的金属之间的性质。如,锌和铜接触,前者带正电,后者带负电;而铜与金接触的时候,铜带正电,金带负电。这与我们现在知道的金属活动性相当。

——奇怪了，它怎么和我们现在研究的正、负极有点不太一样呢？

当时的人们还不知道这两种金属间的放电原理，根本就没有正、负极的概念。人们只知道从验电器的检测中得到这个金属上所带的电荷种类。比如，锌比铜活泼，在接触中更容易失去电子，于是在锌片上电子少了，测出的就是带上了正电；而电子通过导线流向了铜片，于是铜片会测出负电。这与现在所称的"锌为负极，铜为正极"的说法并不矛盾。

此外，伏打还发现如果将不同的几种金属依次连接起来，形成一个金属链时，总的电势差与中间的金属种类无关，它们之间并没有电势差的叠加，只与第一种金属和最后一种金属的金属性质有关。

为了验证自己的理论，伏打用舌头同时顶住一块金币和一块银币，用导线将两者连接起来后感觉到了苦味。他还将两种金属连接起来，一端用嘴含住，用另一端接触眼皮上部。接触的瞬间奇异的事情发生了，他居然产生了光感。通过这些实验伏打认识到，这些金属不仅是导体，而且能够产生电；电不仅能使蛙腿产生运动，而且还能够影响视觉和味觉神经。这一结论很快引起人们的广泛关注。

伏打进而意识到，必须把这一效应的物理因素放在首要的地位，而不是去步伽伐尼的后尘。于是他坚定地认为，蛙腿的肌肉和神经中不存在电，是不同金属与湿的物体接触产生了电的流动，蛙腿只是起到了验电器的作用。1793 年 12 月，伏打在一封信中公开提出了反对伽伐尼"动物电"的观点，他一再强调电在本质上是由金属的接触产生的，与金属板是否压在活的或死的动物体上无关。

1799 年，伏打为了给新世纪献上一份厚礼，加快了实验研究的步伐。他舍弃蛙腿，改用装盐水的装置，测出了电势差。不久，他又对这种装置进行改进，把许多圆形金属片和用盐水浸润过的圆形厚纸片按照铜片、纸片、锌片……的次序挨个叠起来它们叠得越高，产生的电势差就越大。伏打把这种装置形象地命名为"电堆"。

1800年,伏打将研究成果以长信的形式寄给英国皇家学会主席班克斯。随后一篇《论不同导电物质接触产生的电》正式以科学论文的形式发表,从此全世界都知道了伏打和他的"伏打电堆"。伏打所引起的轰动,超过了伽伐尼。各国物理学家得知伏打电堆的构造后,纷纷开始研究电流的作用。伏打电堆也越造越大,以至于当时哪一位物理学家的实验室中没有电堆,好像就不是个物理学家似的。

1802年,俄国物理学家彼得洛夫在彼得堡建立了最大的伏打电堆,这个伏打电堆由4200个锌圈和铜圈组成。同一时期,美国宾夕法尼亚大学的黑尔博士用伏打电堆产生的电力熔化了金属。1807年,英国化学家戴维通过电解,发现了钾和钠两种新元素,轰动了世界。随后他利用伏打电堆发现了电弧,制成照明用的电弧灯。在白炽灯问世以前,这种碳极电弧灯一直被人们用作电光源。

新世纪有新的创造,荣誉和报喜的信件像雪片一般朝伏打飞来。就连拿破仑也被他的实验表演所感动,激动万分地说:伟大而神秘的自然界的帷幕被天才揭开了一角,对他们仅仅赞赏是很不够的,应该使他们得到奖励,因此我宣布为电学领域中天才的发明者设立二十万法郎的基金,第一笔奖金就授予伟大的亚历山德罗·伏打教授。

伏打电堆在人类历史上第一次产生了可以连续恒定的电流,为电学的研究开辟了道路。

争论成就彼此

伏打发明了"电堆",可是他一直错误地认为两种不同的金属相互接触才能产生电,这在当时被称为"接触论"。由于他的固执,这个错误的结论一直延续着。直到十九世纪六十年代,德国著名物理学家、生物学家亥姆霍兹发现了能量守恒定律,给出了静电力作功的理论。

他认为静电作功时能改变电荷的活力，并建立了静电势的概念。他还分析出了电池中的化学-电作用，从力的守恒角度反对电池所谓的"接触论"。在论文的最后一部分，他指出把力的守恒这一原则用于生物机体中进行过程上的可能性。这也就是说，伏打和伽伐尼对蛙腿实验的解释都有正确的部分，但是都不够全面。

继伏打之后，又有很多人研究蛙腿实验和伏打电堆。其中亥姆霍兹研究了电磁作用理论，通过他的演讲，人们开始注意到麦克斯韦的电磁理论。他的学生赫兹在电磁波的研究中取得巨大成就。他还研究过化学过程中的热力学，发表了论文《化学过程的热力学》，并从克劳修斯的方程中导出了早于吉布斯提出的方程，亥姆霍兹导出的方程后来被称为吉布斯-亥姆霍兹方程。

吉布斯不仅推广和发展了这一系统理论，还在1873～1878年发表了三篇非常有影响力的论文，以严密的数学形式和严谨的逻辑推理导出了数百个公式，特别是引进了热力学问题，并在此基础上建立了关于物相变化的相律，为化学热力学的发展做出了贡献。

德国物理化学家和化学史家能斯特，在他们两人的基础上于1887～1906年间提出了热力学第三定律，并于1920年获得诺贝尔奖。1889年，他提出伽伐尼电池理论，证明伽伐尼电池电动势可用电极的"溶解压力"来解释。他还在前人的研究基础上，推导出电极电势与溶液浓度的关系式，从此热力学数据便可用电化学的方法来测定了。

进入二十世纪四十年代以后，电化学暂态技术的应用和发展，电化学的方法与光学和表面技术的应用使人们可用研究快速而复杂的电极反应，可提供电极界面上分子的信息。这些都使得电化学的研究成了物理化学中的一个重要分支。它的研究领域包括化学电源、生物电化学、光电化学、环境电化学、电泳知识、电极知识、电镀知识、光电化学、环境电化学……

其中化学电源起始于伏打研究的"金属电",而生物电化学则起始于伽伐尼最先公开的"动物电"。这些学科的起源公认为是 1791 年伽伐尼发现的金属能使蛙腿肌肉抽搐的"动物电"现象。伏打晚年还一直说：没有伽伐尼的蛙腿实验，就绝不会有伏打电堆；人们在使用伏打电堆时，应该首先想到的是伽伐尼教授，是他的蛙腿实验像闪电一样，开启了我们的智力之门。

很多科学理论都是从争论中产生，然后逐渐发展完善起来的。有争论并不是坏事。虽然伽伐尼和伏打为了蛙腿的争论长达九年之久，但这并没有影响到他们彼此间的友谊。相反，伽伐尼依旧觉得伏打是个"朝气蓬勃的年轻教授"，而伏打即使在晚年也不忘提及伽伐尼在蛙腿实验上的贡献。在这场争论中，双方都是赢家：伽伐尼开创了电生物学的研究，而伏打则开创了化学电池的研究。不得不说，正是这只抽搐的蛙腿成就了争论双方的科学事业。

真的很羡慕这样的科学争论，要是生活中的争执都能像这样就好了。譬如，爸爸妈妈在家里激烈争吵，宝宝们不知所措，只能在一旁吓得乱哭。为什么非要这样，有什么不能坐下来好好聊聊呢？各自说说自己的想法，相互理解、相互包容，像伽伐尼和伏打一样，成就彼此岂不更好。又或者在学校里跟小伙伴闹意见了，也要学会像科学争论中那样摆事实、讲道理，实事求是，最终达成谅解、解决问题。

如果有争论，必定是当事双方都认为自己是对的，那么就把自己的理由放到桌面上研究研究，这样对争论的双方都有好处。这里没有输赢，只有彼此对事件的全面认识和彼此的成长。学着像伽伐尼和伏打对待抽搐的蛙腿那样，对待出现在生活中的各种争议，不是很好吗？

——所以，不要争了，说说你的理由吧……

第四章

化学勇士

你知道毒气弹吗？日本帝国主义在侵华战争中就曾使用过一种毒气弹，当黄绿色的气体释放出来后，人马上就会觉得闻到刺鼻的味道，时间再长一点，就会口吐白沫，中毒身亡。这些毒气弹里装的就是能置人于死地的氯气。

化学实验里，确实有很多药剂或气体对人体有害。小剂量的这些物质，可能不会影响身体，但是长时间大剂量接触，就不得了了。为了防止化学药品对实验人员的伤害，实验室安全条例中，特别强调了"三不准"——不准用手直接接触药品，不准用鼻子直接闻气味，不准用舌头去尝。总之，要尽可能保护实验人员不因接触药品而受伤。

探索者的胆量

世上真的有这么一些人，明知道有些东西可能对自己有伤害，但为了科学探索还是会勇敢尝试。曾经有篇文章中，详细描述了各种化学药品的味道：

HCl 稀：比较酸，感觉嘴里滑溜溜的，典型的呕吐物感，微辣。

　　　浓：极度的酸，吐掉以后回味苦，然后整个嘴里发凉，10分钟后好转。

H_2SO_4 稀：淡淡的酸味，回味感觉油腻，微热，甜，无任何不适感。

　　　浓：超烫，感觉喝烫稀饭了，然后微甜感和痛感并存，持续2天才退（98％的纯正浓硫酸不敢喝）。

HNO_3 稀：先是苦，然后整条舌头麻了，然后痛，起了白斑，持续疼痛，3～4天后消退。

　　……

文章作者还尝了一口农药波尔多液，其主要成分是硫酸铜，感觉一开始没什么味道，吐出后回味淡淡的苦涩。更最可怕的是，他还尝了一口极其微量的氰化物，要知道氰化物可都是有剧毒的，这确实要有非常大的勇气。还好他勇敢但不莽撞，能活着告诉我们：这些氰化物是苦的……

——吓得心都要提到嗓子眼来了。

在化学里，有毒这个概念，是要与它的用量挂钩的，当毒害物的服用量，在构成伤害的极限值以下时，可以说它是安全的。所以，看那篇文章中写的"一口极其微量的氰化物"，文章作者应该是将量控制到了自己不会被毒死。

听上去让人觉得不可思议，毕竟是自己的生命，怎么能这样不珍惜呢？可能这是对科学探索的一种执着，相比自己的生命来说，探索的乐趣对这些勇士们具有更大的吸引力。于是对未知的世界渴望，牢牢地吸引住了他们。更何况这是在确定自己可能没事儿的前提下去做的尝试。这个意义上来讲，从事科学研究或许要像进行极限运动一样，勇敢而不莽撞！

上面这些尝试都是在已经知道这些化学物质的基本性质之后做出的。对于未知的物质，有时可真的是要冒生命危险。研究者最初接触到一些有毒物质时，多是在对这些物质不了解的状态下进行操作，根本就不知道这些东西可能对自己的身体有害。

这些科学探索者是真正的勇士，开疆辟土的勇士！化学领域里像这样的勇士很多，他们的实验时时刻刻都充满着危险；而他们依然热情地投入探索之中，乐此不疲。

舍勒就是这样一个探索者，他的经历非常的传奇。虽然他的生命很短暂，但他所取得的研究成果却非常惊人。他一生发现的新物质有三十多种，这在当时是绝无仅有的。一起来看看他的档案吧：

全名:卡尔·威廉·舍勒

生日:1742 年 12 月 19 日

星座:射手座

出生地:瑞典斯特拉尔松

毕业院校:哥德堡,班特利药店的小学徒

个人简历:

1756 年,进入班特利药店当小学徒。

1764 年,成长为一名知识渊博、技术熟练的药剂师。

1767 年,在对亚硝酸钾的研究中发现氧。

1770 年,发表他的第一篇关于酒石酸的论文。

1774 年,研究二氧化锰,并利用其制得了氯气。然后又制得了锰的很多化合物,如锰酸盐和高锰酸盐等。解释了玻璃的着色和脱色问题。

1775 年 2 月 4 日,当选为瑞典科学院院士,他当时的身份是著名药剂师。其后,他研究砷酸的反应,次年发表了关于水晶、矾石和石灰石成分的论文,还从尿里第一次得到了尿酸。

1777 年,制得硫化氢,并且观察到银盐被光照以后的变色。

1778 年,制得升汞,从钼矿里制得了钼酸。同年,发现空气里至少有两种元素。由于该结论没有发表,这项工作被列在了卡文迪许的名下了。

1780 年,证明牛奶变酸是因为产生了一种乳酸,乳酸被硝酸氧化之后,得到黏液酸。

1781 年,发现了白钨矿,因为是他第一个发现的,所以以他的姓,命名为 scheelite。

1782 年,首先制得乙醚。

1783 年,研究甘油的特性,并研究普鲁士蓝的特性和用法,记载了普鲁士酸(即氢氰酸)的性质、成分和化合物。当时他还不知道氢氰酸是一种很毒的物质。随后几年,他又继续研究了多种植物性酸类,如柠檬酸、苹果酸、草酸和五倍子酸等的成分。

1785 年冬天,风湿病剧烈发作。

1786 年 5 月 19 日,与相爱十年的妮古娅举行了婚礼。由于吸过有毒的氯气和其他气体,还亲口尝过剧毒的氢氰酸,严重伤害到了他的身体。虽然他一辈子为别人制药,却不能找到医治自己疾病的药物,于婚礼后两天病逝。

挑战权威的药房学徒

1756 年,一个偶然的机遇,让舍勒与药房结下不解之缘。虽说舍勒只是到个乡村小药房当学徒,可他却很享受这样的环境。因为那里有一个实验设备相当完善的实验室、一个藏书相当丰富的图书室和一位非常有化学素养的老药剂师马丁·鲍西,这些都非常吸引舍勒,让他可以学到很多的知识。

马丁·鲍西是位学识渊博的好学长者,不仅是药剂师,还是哥德堡的名医。他有着高超的实验技巧,仍整天手不释卷。他的言传身教深刻影响着舍勒,使他把几乎所有的时间都耗在了药房里。他细心观察鲍西先生及其助手们的操作,有时还帮他们制药,研磨某种盐,切割草药的根或叶子,洗刷肮脏的器皿。如此任劳任怨,是因为他也想要成为一个行家,需要多看多学。舍勒在药房还制作各种实验仪器,学徒八年他积攒下了一套自己制作的、精巧的实验仪器。

努力工作学习了八年,舍勒由一个只有小学文化的学徒,成长为一名知识渊博、技术熟练的药剂师。除去辛勤劳作,他还抽空读了勒梅里的《化学教程》、孔克尔的《实验室指南》等名著,获得了很多化学方面的理论知识。从这些理论知识中,他知道了德意志人布朗德怎样发现的磷,法国人埃洛怎样发现的铋,瑞典人勒兰特和克朗斯塔特怎样发现的钴和镍……前人的成就大大启发了舍勒,他深知化学史上每一次重大发现,都会给社会生产和人们的生活带来极大的好处。

那时,舍勒最喜欢一遍遍阅读《实验室指南》,详细地钻研书中对种种实验的描述。一天,他对书中所说"盐精"(盐酸)和"黑苦土"不能发生化学反应产生了怀疑,一直思考着总也睡不着,于是深夜起来跑去做实验。实验室里,大大小小的玻璃瓶和玻璃瓶里装的液体,在昏黄的烛光照耀下色彩奇幻。一个被他吵醒的小伙伴,瞪大了眼睛看着他,年轻的舍勒伏在一堆闪亮的玻璃器皿中间专注地开始实验。

——挑战书里的权威? 看似不可思议。

他拿出标有"盐精"的瓶子放在一边备用,然后将"黑苦土"粉末倒入研钵中使劲研磨。实验中舍勒发现实验室里有两罐标有"黑苦土"的东西,它们的性质却不一样。一罐里的物质完全是黑色的,它不能与"盐精"发生反应;而另一罐里的物质则是灰色而有光泽的,却可以与"盐精"发生反应。

通过反复实验,舍勒发现了当时化学家们是笼统地把石墨和二氧化锰都称之为"黑苦土",但这两种"黑苦土"完全不一样。一种"黑苦土"(二氧化锰)能与"盐精"起作用;而另一种"黑苦土"(石墨)则不能。

这次实验让舍勒发现,他的怀疑居然是正确的,书里的权威也是可以挑战一下的! 这下子,他信心倍增,弥漫在实验室里别人都不愿意闻的怪味儿,反倒成了吸引他常去做实验的兴奋剂。那段时间,实验室里常常充满"盐精"与"黑苦土"反应而产生的气体,就是后来一种毒气弹的主要成分——氯气。

　　不过,舍勒当时并不知道这种气体是有毒的,只是觉得气味难闻,比较刺鼻,还有点儿令人窒息。很多小伙伴们闻不得这种气味而躲得远远的,但舍勒却总愿意在那里不停地捣鼓,专心于新物质的发现。他发现其他的酸都不能溶解"黑苦土",只有"盐精"可以。而且,他还发现,产生的这种黄绿色的气体,与加热王水的时候,所产生的气体极为相似,都使人的肺部极为难受。

　　他用这种气体做了很多实验,发现它微溶于水,使水略有酸味儿;而且还具有漂白作用,能和蓝色的纸条发生作用,使蓝色的纸条几乎变为白色,还能漂白有色花朵和绿叶。他还发现这种气体能腐蚀金属,昆虫在这种气体中会立即死去,火也会立即熄灭。观察到这些,足以让他知道这种黄绿色的气体是有毒的;但他的注意力好像不在于此,而是在考虑火为什么会在这气体中熄灭? 由于他信奉燃素说,于是误认为这是由于"脱燃素的锰"(二氧化锰)从"盐精"中夺去了燃素而产生了这种气体,因此称它为"脱燃素盐酸"。

　　——好吧,他考虑的是它的可燃性,根本没有注意到它的毒性。

勇敢者的事业

　　舍勒后来又研究了很多有毒物质。例如,萤石与浓硫酸反应生成的氢氟酸,这种酸有很强的腐蚀性,能溶解玻璃,还被渲染成了当代美剧《绝命毒师》里的化尸水,虽然电视剧里有些夸张得不切实际。又如,硫化氢,一种具有难闻的臭鸡蛋气味的有毒气体。随后,他对燃烧产生的了极大的兴趣,做了大量物质燃烧的实验。实验中也出现过对人体有害的气体,比如硫的燃烧会产生二氧化硫,不仅有毒也很难闻,有刺激性气味儿。

　　燃烧实验中,舍勒发现了能助燃的氧气,就是前文提到的"火焰空气"。当他收集到一瓶氧气,并发现它的奇妙时,他会兴奋地拿着一个"空"瓶子冲出实验室,开心地展示给他的老板看,"火焰空气!火焰空气!"然后拉着他的老板重新回到实验室,将燃着的木炭吹熄后伸入"空"瓶子,看它在"空"瓶子里重新燃烧并发出白光;再拿出来吹熄,再放进去又重新燃烧起来……反反复复的,就像一个魔术师那样展示着这种气体的神奇。

舍勒制备"火焰空气"的主要方法是把升汞(氧化汞)放在瓶子里加热,来收集产生的气体——氧气。这个实验同时也会产生另一种物质,那就是汞(水银)。汞易挥发,挥发出来的水银蒸气是有毒的。可是这些实验带给他无比的快乐,他完全痴迷在其中,那些常人无法忍受的异味与毒害好像对他都不是问题,他只关注于手头上的实验。

除了各种有毒气体的危害,舍勒的实验有时还伴随着爆炸。在他还是一个学徒时,就经常闹得实验室里天翻地覆。幸好老药剂师马丁·鲍西总为他说好话,药店老板也是个很开通的人,没有将他赶走,而是继续支持他进行实验。

舍勒在无机化学方面除了发现氯气、氧气外,还发现了氮气、砷酸、钼酸、钨酸、亚硝酸;在有机化学还缺乏理论知识的情况下,他发现了十几种有机酸。几乎每隔几年,舍勒就会有一些大发现,例如酒石酸(1770年)、氟化氢(1771年)、磷酸(1774年)、砷酸和砷化氢(1775年)、草酸(1776年)、钼酸和亚砷酸铜(1778年)、乳酸和尿酸(1780年)、酪朊和骨螺紫(1780年)、钨酸(1781年)、氰化氢和氰化物(1782年)、乙醛和酯类(1782年)、甘油(1783年)、柠檬酸(1784年)、苹果酸(1785年)、没食子酸和焦性没食子酸(1786年)等。

在药房,舍勒有充足的时间进行研究,他十分喜欢把科学研究、生产、商业活动有机地结合在一起。他一生里完成了近千个实验,因吸入过有毒的氯气和其他气体，身体受到严重伤害。他还亲口尝过有剧毒的氢氰酸，并记录下了当时的感觉："这种物质气味奇特，但并不讨厌，味道微甜，使嘴发热，刺激舌头。"

最后，他虽然视实验为生命，想一刻不停地工作下去，但身体状况的恶化使他不得不常常卧床不起。1785 年整个冬天，他都苦于风湿病的剧烈发作。后人研究他当时的症状，估计可能是汞中毒，而并不是什么"风湿病"。但当时，人们并不知道这些，只知道他一辈子为别人制药，却不能找到医治自己疾病的药物，这不能不说是一种遗憾。

春天来了，他好像感觉好些了，对他心爱的女人说："妮古娅，只要我能站起来，咱们马上就结婚。"1786 年 3 月，他们举行了订婚仪式，但是病情在稍好些后，又恶化了。1786 年 5 月 19 日，在经历了十年的相恋以后，他们举行了婚礼。两天后，舍勒离开了人间。妮古娅痛哭不已！

——一个总令别人吃惊的化学勇士就这样离开了。

勇敢与莽撞

我们遗憾地失去了舍勒这位富有激情的化学家，他是位真正在用生命进行化学实验的人。实验使舍勒探测到许多化学奥秘，据考证他的实验记录有数百万字，而且他还创造了许多仪器和操作方法，甚至还验证过许多炼金术的实验，并就此提出自己极具化学思维的看法。

舍勒的很多实验在他生前都没有发表，1892 年纪念他诞生一百五十周年时，有化学史家详细整理他的日记和书信，直到 1942 年纪念他诞生二百周年的时候，才正式印刷出版，一共有八卷之多。舍勒的许多实验，在今天看来并不难做，可是在二百多年前，能够发现那么多化学物质，可真是很不容易。瑞典科学院为了纪念舍勒，先后在科平城和斯德哥尔摩都为他建立了纪念塑像。在他一百五十和二百周年诞辰，人们举行了隆重的纪念会，这些会议也成了化学家们进行学术交流的场合。

舍勒认为化学"这种尊贵的学问，乃是奋斗的目标"。在他的日记里写满了所做过的实验，也写着他的快乐。他把科学发现当作人生最大的快乐，说："乐，莫过于从科学发现中产生出来。发现之乐，使我心中愉快。"舍勒，就是这样一位乐在其中的勇士！他的墓地前立有一块朴素的方形墓碑，碑上的浮雕是一位健美的男子，高擎一把燃烧的火炬，象征着他对"燃烧"所做出的贡献，也象征着他为化学研究点燃的火炬，照亮了后人的探索之路。

后来的化学工作者们注意到了如何防患于未然，有效规避一些不明物质给自己带来的伤害。比如，在化学实验室里配备一个通风橱，有效降低有毒气体的浓度；实验时穿白大褂，以保护身上的衣服不被药品腐蚀；按要求带上护目镜，来观察物品的燃烧……

除此以外，人们还专门设定了实验室的规章制度。最重要的一条是，不准用手直接触碰药品，不准用鼻子直接去闻气味儿，不准用嘴去尝药品的味道。虽然看上去有点烦琐，但这是出于对每位实验人员的保护。

对于学生实验室，还会多一条基本规章，不准疯闹。没有见过化学品危险的人，想象不出化学事故的无情：烧伤、腐蚀、燃烧、爆炸……随时都有可能发生。一旦出了事故，轻者红肿痒痛几天，重的伤及眼睛、毁容……那可就是一辈子的事儿了。

虽然我们也想像舍勒那样在实验室里释放对化学的热爱，但还是要注意规避可能受到的伤害。就像极限运动者，要想体验风一般的感受，先得采取基本的安全措施，带上必要的头盔、护手、护腕……让激情在更安全更长久的环境中释放。

走出化学实验室,我们也不得不谈点相关的话题——勇敢和莽撞。

勇敢和莽撞往往就差那么一点点。从结果上来看,成功了,大家当然会称赞你的勇敢;失败了,大家自然就批评你的莽撞。可它们真的是这样来区分的吗?

正好相反,勇敢和莽撞,才分别是造成成功和失败的原因。比如,"明知山有虎,偏向虎山行"是为勇敢;但如果赤手空拳,手无缚鸡之力,也"偏向虎山行",那就不是什么勇敢,而是莽撞,可怕的后果不言而喻。所以,家长会反复强调谨言慎行,老师会强调三思而后行。

——多做些准备,多练些本事,再勇敢前行,方能成为真正的勇士。

第五章
原子里的世界

人类对自然的探索有两个大的方向：一个是朝大里去，上天，观天象，穿云探雾，觅宇宙的尽头；另一个则是朝着小里去的，入地，观内在，分崩离析，寻找构成物质的最初。朝大里去的，穿云探月，火箭飞船，热闹非凡；朝小里去的，分离提纯，显微透视，好不新奇。

可是，在没有这些高科技手段的当初，人们是怎么发现原子的呢？

奇妙的整数比

古希腊有朴素的原子论，认为世界万物都是由大量不可分割的微小物质粒子构成的，这种粒子称为原子。也就是说，将物质不断分解，越来越细、越来越小，小到最后的那种粒子，就叫原子。他们认为原子是永恒的，它不生不灭；原子的数目是无穷的，有大小、形状和位置的差异，但其本质没有区别。原子永恒，这可以算是当时人们的一种信仰；但他们谁也不知道，原子究竟长什么样儿。

文艺复兴后，牛顿也提出了类似原子的理论——微粒说。他指出物体是由大量坚硬粒子组成的。因为只有这样，才能让人容易解释光的直进性，以及光的反射。牛顿的理解是，因为光是由微粒组成的，就像我们在晨雾中看到的那样（其实看到的是晨雾中灰尘的粒子，这只是空气中的尘埃对光的散射，并不能代表光也是由粒子组成的）。此外，牛顿还认为，光通过的均匀介质也是由微粒组成的，对穿过其中的光微粒会施加一定的力，由于是均匀介质，介质微粒对光微粒所施加的引力是相等的，光微粒就能在其中做直线前进性的运动。

把光想象成微粒——光子，还能很好地解释光的反射现象。因为可以把这些反射现象看作是光子与光滑平面间碰撞后的反弹，而这种坚硬微粒间反弹的方向和角度，正好符合光的反射定律。可是在解释光的折射现象上，微粒说却遇到了很大的障碍。为什么一束光射到两种介质分界面上，会同时发生反射和折射呢？或许，可以牵强地用介质微粒的不同解释过去。但是当几束光交叉相遇的时候,为什么它们能彼此毫不妨碍地继续前行呢?如果是颗粒,光子之间难道没有相互的碰撞吗?于是,当碰到这些问题的时候,微粒说好像也不太起作用了。

真正建立现代原子论的人是道尔顿。一起来看看他的档案吧:

全名:约翰•道尔顿

生日:1766 年 9 月 6 日

出生地:英国坎伯兰伊格尔菲尔德村

毕业院校:贵格会的学校

个人简历:

1776 年,接受数学启蒙,因为家贫只能进入贵格会的学校。

1778 年,开始接替他的老师在学校里任教。

1781 年,在肯德尔一所学校中任教时,结识了盲人哲学家高夫。

1787 年 3 月 24 日,记下了第一篇气象观测记录。

1793~1799 年,在曼彻斯特新学院任数学和自然哲学教授。

1794 年,任曼彻斯特文学和哲学学会会员。

1800 年,任学会秘书。

1816 年,当选为法兰西科学院通讯院士。

1817~1818 年,任学会会长,同时继续进行科学研究。

1822 年,当选为英国皇家学会会员。

1835~1836 年,任英国学术协会化学分会副会长。

1844 年 7 月 26 日,用颤抖的手写下了最后一篇气象观测记录。

1844 年 7 月 27 日,从床上掉下来,服务员发现时已经去世,享年七十八岁。

道尔顿之前,西方的原子论一直都是哲学学说,也就是在世界观层面上的原子论。一般认为原子论源于德谟克里特斯的学说,主张万物最终会达到一个不可再分的极限,也就是世界由无限小的原子组成。有人支持原子论,也有人反对,但谁也没有真正看到过原子,原子论当时只是停留于人们的想象中。

　　拉瓦锡掀起"化学革命"后,化学研究广泛采用了定量法,使化学家们认清了许多物质的组成及化学变化中各物质之间量的关系。原子不再只存在于人们的想象之中,化学家们开始在实验中用定量的方法来推测一些物质的组成。

　　1789 年,拉瓦锡首先用实验证明了质量守恒定律,它作为自然界的一条最基本的规律,成为人们从事化学研究的基本依据。他经过测量反应物前后总质量的确切数据,证实在化学变化中,反应前后物质的总质量不变。

　　1791 年,里希特根据大量定量实验发现酸碱反应的当量关系;1797 年,他发表了当量定律,让人们认识到酸碱盐之间的反应存在被后人称为当量的确定的比例关系。1799 年,普鲁斯特根据一系列化学定量分析实验结果,提出组成某一化合物时各成分元素常依一定的质量比互相化合的定比定律,即来源不同的同一物质中元素的组成是不变的,所以又称定组成定律。

　　这些定律大大促进了人们对物质组成的认识。1800 年,英国化学家戴维在一家实验室里测定了 N_2O,NO,NO_2 三种氮的氧化物的重量组成。他经过换算得出,此三种气体中与相同重量的氮气相结合的氧元素的重量之比为 1.0:2.2:4.1,即约为 1:2:4。可惜的是,戴维并没有对此进行换算,也没有继续进行深入的研究。

　　1802 年,费歇尔在里希特工作的基础上进一步明确阐述了当量定律;1803 年,道尔顿在思考原子学说的过程中,根据自己的实验数据归纳,推导出了倍比定律。道尔顿研究发现,反应物会按照固定的质量比关系发生化学反应,也被称为恰好完全反应。如果不按照这种质量比关系反应的话,多余出来的反应物就会被剩下,保留原样,不再发生变化了。例如,1 克氢气和 8 克氧气能化合生产 9 克水,假如不按这个比例,多出来的氧气或氢气是不会参与反应的。

倍比定律简单地说,就是反应中的物质之间存在的整数比关系。例如,铜元素和氧元素可以生成氧化铜,也可以生成氧化亚铜。测量中会发现:氧化铜含铜 80％、含氧 20％,铜与氧的质量比为 4:1;氧化亚铜含铜 88.9％、含氧 11.1％,铜与氧的质量比为 8:1。由此可见,在这两种铜的氧化物中,与等量氧化合的铜的质量比为 1:2,是一个简单的整数比。

道尔顿也曾分析过两种碳的氧化物(CO,CO_2),测定出两种气体中碳与氧的重量比分别为 5.4:7.0 和 5.4:14.0,也注意到了氧元素的重量之比为 1:2 的这个倍数关系。

他进一步研究又发现,不仅在化学反应中有整数比关系,在化合物组成上也有类似的整数比关系。也就是说,当两种元素所组成不同的化合物时,在这些化合物中,如果一种元素的量是一定的,那么与它化合的另一种元素的量也总是成倍数的变化。

1804 年,道尔顿又分析了沼气,并对比乙烯中的碳氢质量比。他观察到与一定重量的碳在甲烷中化合的氢元素,其质量正好是在乙烯中的两倍。又是一个整数比。此后,著名的瑞典化学家贝采里乌斯也做了许多与道尔顿类似的实验,得许多较为精确的数据,其结果与道尔顿的结果基本相符,更进一步证明了道尔顿发现的倍比定律是正确的。

——为什么在反应中会有这样奇特的倍比关系呢?

微小的实心球

对倍比定律的研究与思索,让道尔顿建立了"一定元素的原子完全相同而且它们都具有相同质量"的理论。其内容主要是:(一)化学元素是由不可分的微粒——原子构成的,原子在一切化学变化中是不可再分的最小单位；（二）同种元素的原子性质和质量都相同，不同元素原子的性质都不相同，原子质量是元素的基本特征之一；（三）不同元素化合时，原子以简单整数比结合，如果一种元素的质量固定，那么另一元素在各种化合物中的质量一定也成简单的整数比。

　　他还提出了道尔顿原子模型——微小的实心球体。这是世界上关于原子的第一个理论模型。虽然经过后人证实，这是一个失败的理论模型，但这是人们第一次将原子从哲学范畴带到化学的研究领域之中。

　　提出原子理论模型后，道尔顿开始了测定原子量的工作。他提出了用相对比较的方法求取各种元素的原子量，并发表了第一张原子量表，为后来测定元素原子量的工作开辟了光辉前景。虽然今天看来，最初的原子量表中数据错误很多，但其意义不容小觑。在当时的技术手段下，能够测定出这些数据就已经很不简单了。道尔顿在1808年写了一篇介绍原子理论的文章，其中写道：“这项工作的一个伟大目标就是要表明确定终极粒子相对重量的重要性和好处。”

　　我们现在计算已知化合物中组成元素的质量，首先要知道化合物的分子式，即化合物的原子个数比，而后还须指定一种元素的原子量作为参考和比较的标准。道尔顿当时没有分子式作指导，只知道元素的质量，怎么求其原子量呢？

　　他用的是一种推理方法。先认定了每一种元素的原子都具有一定质量，再根据自己的实验，规定出不同元素的原子彼此间化合成化合物时遵循的最简单个数比。他首先想到的是氢元素，因为氢气最轻，所以指定氢元素的原子量为1；然后再将其他原子的质量来与氢元素做比较，找出它们的质量比关系。

　　例如，当时知道氢和氧结合生成水，道尔顿便认定水是二元的，也就是由一个氢原子和一个氧原子组成。他把氢原子的相对重量定为

1,作为比较其他原子相对重量的基础,并按拉瓦锡对水中"氢占15％、氧占85％"的重量组成分析结果进行计算,得出氧原子的相对重量是5.5。当然现在我们知道,这一结果是错误的。这是由于早期理论水平和实验条件所限。实际上,水中的氢元素和氧元素并不是按1∶1的比例组合在一起的,而且水的重量组成也存在误差。

为了测定两种元素化合时的原子个数比,道尔顿还假设原子总是以最简单的形式化合。例如:当甲乙两种元素只形成一种化合物的时候,他认为在大多数情况下,这种化合物是二元的,也就是说化合物是由一个甲原子和一个乙原子组成;如果两种元素形成两种化合物,他认为比较普遍的化合物是二元的,也有三元的,即三个原子组成的;如果是形成三种以上的化合物,如氮的氧化物,就需要考虑四元,或更高元的化合物了。

依照这样的测量和计算,道尔顿成为第一个测量出原子量的人。但是,由于对化合物组成认识上的局限性,他测出的原子相对重量大多数都是错误的。这些错误的数据,引起了欧洲各国化学家们的怀疑,认为这种武断规定原子个数的做法有些不妥。此后,许多化学家都开始从事测定原子量的工作。

道尔顿并没有"看到"原子,他只是凭借对实验的数据分析,并结合前人对微观世界的想象,提出著名的原子论,测算出很多他认为的原子量,并且还提出了世界上第一个原子的理论模型。原子论在当时确实帮人们解释了很多化学实验中的定量现象,因此被西方科学家们大加推崇,都相信道尔顿发现了真理。于是在原子学说以后,很长一段时间内人们都认为原子就像一个小得不能再小的玻璃实心球,里面再也没有什么新花样儿了。

梅 子 布 丁

道尔顿的原子论以后，人们一直虔诚地认为原子是不可再分的，直到又一位伟大科学家的诞生，他就是汤姆孙。一起来看看他的档案吧：

全名：约瑟夫·约翰·汤姆孙

生日：1856 年 12 月 18 日

出生地：英国曼彻斯特

毕业院校：曼彻斯特大学

个人简历：

1870 年，十四岁便进入了曼彻斯特大学。

1876 年，被保送进了剑桥大学三一学院深造。

1880 年，参加了剑桥大学的学位考试，以第二名的优异成绩取得学位，随后被选为三一学院学员，两年后被任命为大学讲师。

1884 年，在瑞利的推荐下，担任了卡文迪许实验室物理学教授。

1897 年，在研究稀薄气体放电实验中，证明了电子的存在，测定了电子的荷质比，轰动了整个物理学界。

1905 年，被任命为英国皇家学院的教授。

1906 年，荣获诺贝尔物理学奖。

1916 年，任皇家学会主席。

1919 年，被选为科学院外籍委员会首脑。汤姆孙在担任卡文迪许实验物理教授及实验室主任的三十四年，桃李满天下。

1940 年 8 月 30 日，逝世于剑桥，终年八十四岁。

汤姆孙与原子的故事要从阴极射线开始说起。阴极射线是德国物理学家尤利乌斯·普吕克在 1858 年进行低压气体放电研究的过程中发现的。其后英国物理学家克鲁克斯在实验室里研究闪电现象时，也发现了这种射线。

他们将真空管中的两个电极间加上几千伏的电压,阴极对面的玻璃壁上会闪现出绿色的辉光,可是并没有看到从阴极上有什么东西发射出来。这一现象引起许多科学家的浓厚兴趣,进行了很多实验研究。当在阴极和对面玻璃壁之间放置障碍物时,玻璃壁上就会出现障碍物的阴影;若在它们之间放一个可以转动的小叶轮,小叶轮就会转起来。看来确实从阴极发出了一种看不见的射线。

德国物理学家戈尔德施泰因将这种射线命名为"阴极射线"。当时有的科学家说它是电磁波,有的科学家说它是由带电的原子组成的,有的则说由带阴电的微粒组成。一时间众说纷纭。直到 1897 年,汤姆孙在实验室中想到了一种方法,窥探这种谜一样的射线。他发现用一块涂有硫化锌的小玻璃片,放在阴极射线所经过的路上,就能看到硫化锌发出的闪光。这说明硫化锌能显示出阴极射线的"径迹"。

看到了阴极射线的运动轨迹后,汤姆孙接下来想到了电场和磁场。不是有人说阴极射线是电磁波、带电的原子或者带负电的微粒吗,那就让阴极射线在电场和磁场里走一走,看看它们会有什么反应。这可不是想象中那么容易,在汤姆孙之前曾有人观察到过阴极射线的磁偏转,但是一直没有人做过阴极射线的电偏转。因为要在阴极射线管中建立电场,必须在阴极射线管里有个很好的真空环境。

汤姆孙成功了,他给阴极射线加上了一个真空电场,于是第一个观察到阴极射线出现电偏转。他观察到不论在电场还是磁场中,阴极射线都发生了偏折。根据射线的偏折方向,1897 年汤姆孙得出了结论,这些阴极射线不是电磁波,而是带负电的物质粒子。

得出这一结论后汤姆孙想,或许需要想个办法去测一测这种粒子的质量。阴极射线是运动着的粒子,要测量其质量就好比去测一只正在奔跑的羊有多重,并非易事。汤姆孙为此设计了一系列既简单又巧妙的实验。

首先,他发现单独的电场和磁场都能使阴极射线发生偏转,就对其同时施加上一个电场和磁场,并让电场和磁场所造成的粒子偏转互相抵消,使阴极射线保持直线运动状态。这时,通过电场和磁场的强度比值就能算出粒子的运动速度。测得粒子的运动速度后,再单测磁场、电场造成的偏转,测出这种粒子的荷质比,即电荷和质量的比值。然后,再通过电场的造成偏转,测出粒子所带电荷,并利用荷质比计算出这种粒子的质量。

通过实验测量,汤姆孙不仅得到了阴极射线的荷质比,还发现此荷质比比当时测定出的电解质中氢离子的还要大很多。这说明如果带电量相同的话,这种粒子的质量大约是氢离子质量的二千分之一。1913~1917年,美国物理学家罗伯特·密立根在的油滴实验中,精确地测出阴极射线的荷质比是氢离子荷质比的1836倍,即阴极射线中的粒子质量仅为氢离子的1/1836。

汤姆孙研究阴极射线发现的这种"微粒",被命名为"电子"。这一名称是由物理学家斯通尼在1891年提出的,原意是定出的一个电的基本单位名称。大量的实验证据使物理学家们认定电子是原子的一部分。1898年,汤姆孙提出了一个关于原子结构的假设,并于1903年和1907年对这一假设作了进一步的完善。他认为原子是半径约10纳米的球体,带正电的物质均匀地分布于球体内,带负电的电子一颗颗地镶嵌在球内各处的一个个同心环上,第一个环上可放5个电子,第二个可放10个……原子中正负电荷的总量相等。这一假设称为原子的汤姆孙模型、梅子布丁模型、枣糕模型、葡萄干布丁模型……

汤姆孙认为:原子处于最低能态时,电子在平衡位置不动;当原子被激发到高能态时,电子在平衡位置上作简谐振动,并发射电磁辐射。汤姆孙模型在解释元素周期性方面取得了一定的成功,也能定性地解释原子的光辐射,如根据汤姆孙原子模型,氢原子可有一个远紫外频率的光辐射。但是,汤姆孙模型不能解释实验观测到的大量不同频率的氢原子光谱。

虽然汤姆孙模型被后来的实验给否定了,但是其"同心环"和"环上只能安置有限个电子"的思想还是可贵的。

——梅子布丁模型给否定了,那接下来会有怎样的模型呢?

微小的行星系

看到放射性一词,很多人会想到居里夫人。不过,还有一个比居里夫人更早研究放射性,并获得诺贝尔化学奖的科学家——欧内斯特·卢瑟福。他是第一个提出放射性半衰期概念的人。一起来看看他的档案吧:

全名:欧内斯特·卢瑟福

生日:1871 年 8 月 30 日

出生地:新西兰纳尔孙

毕业院校:坎特伯雷学院

个人简历:

1894 年,获得文学学士、文学硕士、理学学士三个学位。

1895 年,在新西兰大学毕业后,获得英国剑桥大学的奖学金进入卡文迪许实验室,成为汤姆孙的研究生。

1898 年,在汤姆孙的推荐下,担任加拿大麦吉尔大学的物理教授。

1907 年,返回英国出任曼彻斯特大学的物理系主任。

1908 年,获得该年度的诺贝尔化学奖。

1919 年,接替退休的汤姆孙,担任卡文迪许实验室主任。

1925 年,当选为英国皇家学会会长。

1931 年,受封为纳尔孙男爵。

1937 年 10 月 19 日,因病在剑桥逝世,与牛顿和法拉第并排安葬,享年六十六岁。

1898 年,卢瑟福通过一系列实验,发现铀和铀的化合物所发出的射线有两种不同类型:一种是极易吸收的、带正电的射线,他称之为 α 射线;另一种是有较强穿透能力的、带负电的射线,他称之为 β 射线。后经实验证实,α 射线即 α 粒子束,也称"甲种射线",是高速运动的氦原子核。β 射线即阴极射线,也称"乙种射线"。

通常具有放射性而且原子量较大的化学元素,都会透过 α 衰变放射出 α 粒子,形成 α 射线。这些元素放射出 α 射线后,会变成较轻的元素。由于 α 射线带有巨大能量和动量,就成了卢瑟福用来打开原子大门,研究原子内部结构的有力工具。1919 年,他用镭发射的 α 粒子作为"炮弹"轰击氮原子,观察到氮原子核俘获一个 α 粒子后放出一个氢核,同时变成了另一种原子核,这个新生的原子核后来被证实是氧 17 原子核。这是人类历史上第一次实现原子核的人工嬗变,使古代炼金术士梦寐以求的把一种元素变成另一种元素的幻想变成现实。当时卢瑟福还为此写了一本书,取名为《新炼金术》。

根据原子的汤姆孙模型,α 粒子在穿过单个原子时应该不会有很大的偏转,因为它的质量和所带电荷数更大,不会受到带负电荷电子的影响,而正电荷是均匀分布的,对 α 粒子的影响应该可以相互抵消。1909 年,卢瑟福为了证实汤姆孙模型的正确性,设计了著名的 α 粒子散射实验,希望能够通过 α 粒子射到原子内部,来试探原子内部的结构。

他设计并制造了一个实验装置,用一束极细的 α 射线射向被看做金原子的单层排列的,极薄的金箔。当 α 粒子穿过金箔后,会射到对面的荧光屏上,产生一个个可以通过显微镜观察到的闪光点。考虑到空气中的微粒,可能会对 α 粒子的行进路线造成影响,整个装置被放在一个抽成真空的容器内。带有荧光屏的显微镜,在围绕金箔的一个圆周上移动,用以捕捉 α 粒子的运动轨迹。

在实验中卢瑟福发现,绝大多数 α 粒子穿过金箔后仍沿着原来的方向前进,似乎没有受任何到影响;但有少数 α 粒子发生了较大的偏转,并有极少数的 α 粒子的偏转超过了 90°,有的甚至几乎达到 180°,也就是说它被反弹回来了。这就是 α 粒子的散射现象,它出乎了卢瑟福的意料,因为原本这个实验是为了证实汤姆孙模型的,α 射线应该都能穿过去才对,而这些 α 射线却被反弹回来了。

这令卢瑟福很头痛。他对实验的结果进行了分析,认为只有几乎全部质量和正电荷都集中在原子中心一个很小的区域,才可能出现 α 粒子的大角度散射。也就是说,原子的全部正电荷并非如汤姆孙模型假设的那样在原子中均匀分布,原子内部大部分的区域是空的,集中在原子中间的质量远大于 α 粒子,才能让 α 粒子弹开。这有点像撞球游戏,如果被撞的球质量较小,不会影响母球的行进方向;但是如果被撞的球质量特别大,母球肯定会改变它原来的行进线路,甚至被反弹回来。

于是卢瑟福在 1911 年提出了原子的核式结构模型。他认为在原子的中心有一个很小的原子核,原子的全部正电荷和几乎全部质量都集中在这里,带负电的电子在核外空间,绕着核旋转。按照这一模型,绝大多数 α 粒子穿过原子时离核较远,加上其受到电子的影响比较小,其运动方向几乎有什么改变;而极少数 α 粒子正好撞上或接近原子核,于是改变了进轨迹,出现一定角度的偏转,甚至会出现 180°的反弹。

不仅如此,根据 α 粒子散射实验,人们还估算出了原子核的直径为 $10^{-15}\sim10^{-14}$ 米,大约是已测得原子直径 10^{-10} 米的万分之一。因此,化学课本上会说,原子与原子核的大小相当于一个足球场和在它上面的一只小蚂蚁。

卢瑟福的核式结构模型中,原子中不仅仅有原子核,还有带负电的电子围绕在原子核周围做绕核运动。这有点儿像行星绕着恒星运动,于是这种原子结构模型也被人们称为行星式原子结构模型。

看不见的世界

卢瑟福的原子模型很快受到了物理学家们的质疑，因为在这个模型里电子像行星围绕太阳一样绕核运动，根据经典电磁理论，像这样运动着的电子会向外发射出电磁辐射，逐渐损失能量，一旦能量不够就会瞬间坍塌到原子核里，但是这一推测却与实际情况完全不符。也就是说卢瑟福的原子模型可能还不够完善，并不是原子的终极模型。

卢瑟福的理论吸引了一位来自丹麦的年轻人玻尔。他在卢瑟福模型的基础上，描绘了电子在核外的量子化轨道，解决了原子结构稳定性的问题，提出了令人信服的原子结构学说。玻尔是谁呢？一起来看看他的档案吧：

全名：尼尔斯·亨利克·戴维·玻尔

出日：1885 年 10 月 7 日

出生地：丹麦哥本哈根

毕业院校：哥本哈根大学

个人简历：

1903 年，进入哥本哈根大学数学和自然科学系，主修物理学。

1907 年，以有关水的表面张力的论文获得丹麦皇家科学文学院的金质奖章。

1909 年和 1911 年，分别以关于金属电子论的论文获得哥本哈根大学的科学硕士和哲学博士学位。随后去英国学习，先在剑桥汤姆孙主持的卡文迪许实验室，几个月后转赴曼彻斯特，参加了曼彻斯特大学以卢瑟福为首的科学集体，从此和卢瑟福建立了长期的密切关系。

1912 年，研究了金属中的电子运动，并明确意识到经典理论在阐明微观现象方面的严重缺陷，创造性地把普朗克的量子说和卢瑟福的原子核概念结合了起来。

1913年初,任曼彻斯特大学物理学教授,开始研究原子结构。

1916年,任哥本哈根大学物理学教授。

1917年,当选为丹麦皇家科学院院士。

1920年,创建哥本哈根理论物理研究所并任所长,在此后的四十年一直担任这一职务。

1921年,发表了《各元素的原子结构及其物理性质和化学性质》的长篇演讲,阐述了光谱和原子结构理论的新发展,诠释了元素周期表的形成,对周期表中从氢开始的各种元素的原子结构作了说明,同时对周期表上的第72号元素的性质作了预言。

1922年,第72号元素铪的发现证明了玻尔的理论,由于对于原子结构理论的贡献,玻尔获得当年的诺贝尔物理学奖。

1923年,接受英国曼彻斯特大学和剑桥大学名誉博士学位。

1930年,研究发现了许多中子诱发的核反应,提出了原子核的液滴模型,很好地解释了重核的裂变。

1937年5～6月,到中国访问和讲学。

1939年,担任丹麦皇家科学院院长。

1943年,为躲避纳粹的迫害,逃往瑞典。

1944年,在美国参加了和原子弹有关的理论研究。

1945年,回到丹麦,此后致力于推动原子能的和平利用。

1947年,丹麦政府为了表彰玻尔的功绩,封他为"骑象勋爵"。

1952年,倡议建立欧洲原子核研究中心(CERN),并任主席。

1955年,参加创建北欧理论原子物理学研究所,担任管委会主任。同年,被任命为原子能委员会主席。

1962年11月18日,因心脏病突发在丹麦的卡尔斯堡寓所逝世,享年七十七岁。去世前一天,他还在工作室的黑板上画了当年爱因斯坦那个光子盒草图。

量子理论是物理学的经典理论,产生于二十世纪初。德国物理学家普朗克为解释黑体辐射现象,首先提出了能量子假说,揭开了量子物理学的序幕。1905 年,爱因斯坦针对经典理论解释光电效应所遇到的困难,发表了著名论文《关于光的产生和转化的一个试探性观点》,在普朗克能量子假说的基础上,提出了一个崭新的观点——光量子假说。他们的研究在物理学史上有其重要的地位,但使量子理论产生深远影响的是玻尔。

1912 年,作为卢瑟福的学生,正在英国曼彻斯特大学工作的玻尔坚信卢瑟福的有核模型是符合客观事实的。面对这一模型与经典电磁理论的冲突,玻尔认为要解决原子的稳定性问题,"只有量子假说是摆脱困难的唯一出路"。话虽如此,问题却十分棘手。

1913 年初,玻尔的一位朋友向他介绍了氢光谱的巴耳末公式和斯塔克的著作,他立即认识到这个公式与卢瑟福的核式结构模型之间存在密切关系。他仔细地分析和研究了当时已知的大量光谱数据和经验公式,特别是巴耳末公式,受到很大的启发;同时他从斯塔克的著作中学习了价电子跃迁产生辐射的理论。

就这样,玻尔创造性地将光量子理论引入原子结构,从原子具有稳定性以及分立的线光谱这两个经验事实出发,建立了新的原子结构模型。这一模型不仅解决了原子结构稳定性问题,还解释了原子光谱和电子跃迁问题,令人信服。这就是现在课本中的原子核外电子分层排布理论。后续,人们又探索出了电子云模型等,终于让我们对原子结构有了较为全面的了解。

原子模型的建立很奇妙,它们都不是通过眼睛直接观察出来的。我们的眼睛能看到的东西是非常有限的,而且就算眼睛能看到,相同的现象背后的原因,有时也会是不一样的。所以,凡事都应"透过现象看本质"。

化学其实就是在教我们如何"看到"更深层次的东西，这不仅要用眼睛，更要用脑。道尔顿通过对反应气体的定量分析发现了倍比定律，用数字证明了原子的存在，推出了现代原子论。汤姆孙通过阴极射线在电场和磁场中的偏转，测算了阴极射线的荷质比，进而发现了电子，假设出原子的梅子布丁模型。卢瑟福通过 α 射线散射实验，窥探到了原子内部的原子核结构，设定了原子的行星模型。玻尔受到普朗克的能量子假说和爱因斯坦的光量子假说启发，创设了原子核外电子量子化轨道模型。这每一次都是质疑、实验、分析、得出结论、再假设、再质疑、再实验、再分析、再得出结论，直至探索到真理。这也就是科学进步的基本路径。

不怪有很多人喜欢化学，它确实像谜一样吸引着人们，又像一个万花筒，总在变化着它的样子，让人欲罢不能。就拿化学中常考的"不断加入某种物质，先出现沉淀而后沉淀消失"的现象来说，就有着非常丰富的变化。真对这一现象，如果单纯去记忆反应物的话，脑袋撑破了也记不全，因为能符合这个现象的反应实在是太多了。

遇到这种类型的题目该怎么去判断，到底是哪种物质在发生反应呢？首先，必须去找找还有没有其他辅助的条件，如加入物的特征是气体还是溶液，如果是气体它有没有气味，又或者是加入了什么其他的东西后才产生了这种现象。弄清了条件再来判断，问题就不那么难了。比如：如果是无色无味的气体通入造成这一现象，就很容易就能想到二氧化碳通澄清石灰水，通入过量后先生成的碳酸钙沉淀会变成碳酸氢钙溶解到水里；如果滴加的是液体，一种可能是氯化铝中滴加过量氢氧化钠，先出现氢氧化铝沉淀，然后氢氧化铝与氢氧化钠反应生成了可溶于水的偏铝酸钠。类似的例子还有好多。

——肉眼虽看不到原子，但原子里的世界真是丰富多彩，重要的是要用"心"去"看"。

第六章

一场半个世纪的争论

　　争论,太常见了,特别是在大热天里,热浪来袭,心烦意乱,言语稍有不慎,就会来一场口水战。如果再有一两个不相干的人从旁参与,那就更热闹了,你说一句,他评一句,七嘴八舌的,能围个里三层外三层。人们借机汇聚一处,说三道四,评头论足,好不兴奋。今天要讲的这场争论,可就没了街边这种热闹劲儿,参与者看似悄无声息、很绅士,学科领域外的人可能根本就感觉不到发生了什么。不过,这场争论却旷日持久,一直争了有半个多世纪,一个人如果参与其中,大半辈子的时间也就耗进去了。但是,真就有那么一位科学家终其一生,执着地参与这场争论,直到他离开人世后的第四年,他的努力才被众人肯定,从而真正平息了这场争论。

　　——那么,他是谁呢?

狮子与大象

　　——别急,我们需要先来了解一下时间和背景。

　　这场争论发生在 1810 年。当时欧洲已经走完了文艺复兴之路,并结束了第一次科学革命。

　　在这里一定要提一提十六至十七世纪的第一次科学革命。这是一场了不起的革命,它可以视为科学家们的一场胜利。那些伟大的科学家们通过论证证实了太阳才是这个天体系统的中心,他们推翻了《圣经》上所述的"上帝创造了地球"。科学家牛顿还提出了万有引力,并能通过数学公式算出任何两种物体之间的引力,进而推翻了希腊的宇宙说(地球是宇宙的中心),而且他所用的方法还是希腊的数学方法——数学公式,其推导过程令希腊人心服口服。最后,各种科学的论证,让希腊人、教会和各种神学人员都不得不向这些科学家们低头,于是对古典的极力尊崇就此打破,彻底解放了人们的思想,人们开始更加崇拜科学的力量。第一次科学革命后期可以视为现代科学的发韧期,从此在欧洲出现了很多伟大的科学家,现代科学也得以长足发展。而各种科学的论证方法,更是被人们推崇备至。那个年代也被称为"出现巨人的时代",化学作为一门当时的新兴学科在一大批科学家们的努力下,快速发展着。

这场争论的双方是在科学革命之后涌现出的两位当时鼎鼎大名的科学家。一位是英国化学家、物理学家,近代原子理论的提出者约翰·道尔顿。另一位是法国化学家、物理学家盖·吕萨克。

约翰·道尔顿的原子学说和倍比定律,备受化学研究者们的推崇。他可以算是当时化学界的偶像级人物。

盖·吕萨克于 1802 年证明了各种不同的气体随温度升高都以相同的数量膨胀。1809 年他发表了气体化合体积定律,即化学反应中不同气体的体积在同温同压下存在着一定的整数比关系。此外他还在很多领域获得了研究成果,比如命名了碘,发现了氰,提出了建造硫酸吸收塔……盖·吕萨克也是一位卓有成效的化学家。

可见,这两位科学家早就是化学界赫赫有名的人物了。不过一位在英国,一位在法国;一位研究物质的内部构造,一位研究气体体积。这本谈不上什么矛盾,但盖·吕萨克特别赞赏约翰·道尔顿的原子论,于是惹出了点麻烦……

说简单一点,盖·吕萨克是想用自己的实验研究结果去支持一下道尔顿的原子论学说。他发现在实验中,反应的不同气体体积之间是有整数比关系的,或许这种整数比正好能代表这些气体含有的原子个数比呢——体积是整数的,原子个数也是整数,那么这里面肯定是有联系,或许它们之间能说明些什么,比如气体的体积之比与原子个数是成正比关系的?!

越想越高兴,他继续做了好几组实验,发现都是这样的,于是越来越觉得就是那么回事儿。因此,他提出并公布了一个新的假说:在相同物理条件下,相同体积的不同气体含有相同数目的原子。他认为这一假说就是对道尔顿原子论最有力的支持和发展,并为此而感到高兴。

没想到的是,道尔顿得知这一假说后,并没有表示赞许,而是公开表示了反对。可想而知,盖·吕萨克该有多么难受:"我可是在肯定你的原子论学说啊!"他搞不懂道尔顿为什么会反对自己,气得不行。

道尔顿之所以反对是有原因的,因为在他研究原子论的过程中,也曾作过相同的假设,只是在后来的实验中,这个结论被他自己否定了,总得要尊重事实吧。而且他还觉得不同元素的原子大小和质量都不一样,相同体积的不同气体怎么可能含有相同数目的原子呢。这就好比用相同体积的盒子装不同的球,装满盒子的乒乓球个数肯定不可能与装满盒子的篮球个数一样多。

盖·吕萨克虽然也承认篮球和乒乓球大小的区别,但是他测出的气体体积并没有与气体种类有太大的关系。也就是说,气体体积好像与组成气体的微粒大小没有太大的关系。虽然是分别由像篮球和乒乓球两个不同大小的微粒组成的两种不同气体,但是一定量的这些气体,它们的体积还是相差不太大。盖·吕萨克觉得委屈:如果你说我错了的话,总要告诉我到底错在哪里吧。

道尔顿也觉得有苦说不出,因为他也碰到了一个无法解释的事实:他发现一份体积氧气和一份体积氮气发生反应,能生成了两份体积的一氧化氮($O_2 + N_2 === 2NO$)。1+1=2嘛,现在看来蛮正常,但当时的人们可并不知道,氧气和氮气都是由两个原子组成的,也不知道一氧化氮是两个原子合起来的。人们只知道有原子,还不知道有分子;只称其为"氧化氮",并不知道其具体组成。如果按照道尔顿的原子论来解释的话,n个氧原子和n个氮原子就会生成n个"氧化氮"复合原子,相当于$O + N === N_{0.5}O_{0.5}$,这个复合原子中就会含有半个氮原子和半个氧原子。可是道尔顿的原子论里是明确说明了原子是不能再分的呀,也就是说半个原子应该是不存在的。这可是当时道尔顿自己提出来的! 也就是说,如果道尔顿承认了盖·吕萨克的观点,那就等同于否定了自己的"原子不可分"理论。于是他很坚决地反对盖·吕萨克的假说,甚至指责他的实验有些不靠谱。

这下可把盖·吕萨克惹急了:"我好心来支持你的理论,你却说我的实验有问题,怎么会是我的实验有问题,或许是你的实验错了呢?"他实在不能接受道尔顿的指责,于是双方展开了学术辩论,互摆事实,争论不休。他们俩都是当时欧洲颇有名望的化学家,其他化学家对他们之间的争论都不轻易发表意见,就连当时已很有威望的瑞典化学家J. J. 贝尔塞柳斯也在私底下表示,看不出他们争论的是与非。

——这下好,"狮子"和"大象"争起来了,其他的小伙伴们都不知道该怎么好了……

平息争论的怪人

这场学术争论的双方都是当时化学界鼎鼎有名的权威,单从气势上就把旁人压倒了,而且他们的观点还都有确切的实验作为依据,要想推翻任何一方都必须得拿出更有说服力的实验事实才行。最关键的是,支持两人观点的这些确切的实验数据又该怎么解释呢? 以当时人们有限的认知,根本无法完全否定任何一方,于是大家陷入了典型的"公说公有理,婆说婆有理"。所有的人,甚至包括这两位争论者都无法说清楚问题究竟出在哪儿了。

这个难解的争论,被意大利的科学家阿伏伽德罗注意到了。这或许来自于他做律师的职业习惯:"为什么会起争论,争论的焦点到底在哪儿?"

来看看他的档案吧:

全名:阿莫迪欧·阿伏伽德罗

生日:1776 年 8 月 9 日

星座:狮子座

出生地:意大利都灵市(意大利第三大城市,大工业中心之一,皮埃蒙特区首府)

父亲:菲力波·阿伏伽德罗(曾担任萨福以王国的最高法院法官)

学历:1796 年毕业于都灵大学法学专业,获得法学博士学位

个人简历:

1796 年,获得法学博士学位,开始从事律师工作。

1800 年起,开始学习数学和物理学。

1804 年,被都灵科学院选为通讯院士。

1809 年,被聘为维切利皇家学院的物理学教授。

1819 年,被都灵科学院选为院士。

1820 年,任都灵大学数学和物理学教授,不久被解聘。

1834 年,重新被聘任为都灵大学教授,直到 1850 年退休。

1856 年 7 月 9 日,在都灵逝世。

这个阿伏伽德罗看上去真是个"怪人"。他是个数学和物理教授,不是学化学的,工作中的主要研究对象也不是化学。他在大学学的是法律,获得了法学博士学位。怎么学法律的也能转行去研究数学和物理呢? 好吧,看来只有一种解释了,他真的是有些异于常人!

阿伏伽德罗出生在意大利的都灵,就是那个 2006 年举办过冬季奥运会的地方。都灵美丽却不以旅游闻名于世,是意大利第三大城市。在工业城市的外表下,都灵隐藏着古老的贵族气息,有着悠久的历史,是意大利统一后的第一个首都。

阿伏伽德罗出身于法律世家,父亲菲力波·阿伏伽德罗曾担任萨福以王国的最高法院法官。他对儿子寄予厚望,希望其子承父业。阿伏伽德罗也不负重望,以法学博士的身份毕业于都灵大学法学院,可

以想象如果他坚持做一名律师的话,前程会是一片光明。

不过在阿伏伽德罗这里,科学的魅力还是大大超过了法律。在当了三年律师后,他被科学家们的发现所折服,开始转行去学习数学、研究自然科学,并乐此不疲。

远在意大利潜心教书的阿伏伽德罗注意到了约翰·道尔顿和盖·吕萨克之间的争论。律师的直觉让他对这场争论产生了浓厚的兴趣。他在仔细地研究他们的气体实验,推敲他们的各自观点后,也觉得这两人的实验和数据确实都没有问题。可问题到底出在哪儿呢?或许真的存在这些整数比关系,只是……可能这个微粒或许真的不是原子。如果不是原子的话,难道还存在什么其他的微粒吗?

于是他继续仔细研究他们的实验,测量参与反应的气体体积和那些原子的质量,于1811年完成了一篇题为《原子相对质量的测定方法及原子进入化合物的数目比例的确定》的论文。在文中他首先声明自己的观点来源于盖·吕萨克的气体实验事实,接着他明确地提出了"分子"的概念,认为单质或化合物在自然状态下能独立存在的最小质点应该称作分子,而不是原子,而单质分子是可以由多个原子组成。

简单说,就是认为气体物质的组成微粒,有除了原子以外的其他形式——分子。

他还修正了盖·吕萨克的假说,提出:在同温同压下,相同体积的不同气体应该具有相同数目的分子。

"原子"改成"分子",看似只有一字之改,但正是阿伏伽德罗的这一"改"客观地澄清了事实:那就是组成气体的微粒不仅仅是"原子",而是有除了原子以外的"分子"。这样一来,既可以解释盖·吕萨克的实验事实,又不违背约翰·道尔顿的原子论学说,可以说它不仅可以巧妙的平息"大象"和"狮子"间的争论,甚至还能让化学理论向前再迈进一大步。

阿伏伽德罗的论文发表了。虽然他提出的"分子"假说貌似可以解决所有问题,但当时他的观点没有引起人们的重视,对那场争论也并没有起到什么作用。

分子、原子究竟是什么呀?现在的人们回答起这个问题是很简单的。分子和原子都是构成物质的小微粒。有的物质是先由原子先结合成分子,再由分子堆积而成的,比如氧气、水;也有的物质是直接由原子堆积而成的,比如金刚石、稀有气体。就像盖房子,可以直接用泥土堆砌而成,也可以将泥土先烧成砖,再用砖来盖。物质中的原子就好比建房用的泥土,而分子就是由泥土烧制成的砖,它们都是组成物质这间房子的原材料,两者共同存在,相互关联,彼此间并不矛盾。

但在阿伏伽德罗所处那个年代,人们可不会马上就接受这个观点,因为原子论已经被很多科学家所接受,并广泛应用于推动化学的发展,而分子论还只是一个假说。就好像人们从湖面上可能隐隐看到了鱼的鳞片,却怎么也想象不出那是一条怎样的鱼,或许那只是一道水波呢?

而且,阿伏伽德罗自己也犯了一个很致命的错误,那就是他片面地认为分子都是由两个原子构成的,例如刚才文章中提到的氮气分子、氧气分子和氧化氮分子,这些分子确实是由两个原子形成的。可他没有注意到还有其他组合的可能,比如,三个原子的二氧化碳分子(CO_2),或者四个原子的氨气分子(NH_3),甚至还可以由更多原子组合成更大的分子,例如后来人们发现的有机高分子化合物等。于是当人们按他的论文方法去验证分子中只含有两个原子的时候,就出现了较大的偏差,确实有些分子里不只是两个原子。

这还怎么能让人相信呢?没办法,在没有人认可的情况下,阿伏伽德罗只能接着去做更大量的实验来对分子进行验证,并撰写了第二篇论文来阐述他的观点。就在这一年,电磁学中有着重要贡献的法国物理学家安德烈·玛丽·安培,也独立提出了类似的分子假说;但还是没有引起化学界的足够重视。人们认识真理的过程是艰难的。

阿伏伽德罗很着急,他越来越强烈地意识到自己提出的分子假说,在化学发展史中具有的重要意义。于是,在1821年他又发表了阐述分子假说的第三篇论文,文中写到:我是第一个注意到盖·吕萨克的气体实验定律可以用来测定分子量的人,而且也是第一个注意到它对约翰·道尔顿的原子论具有意义的人。沿着这种途径我得出了气体结构的假说,它在相当大程度上简化了盖·吕萨克定律的应用……

尽管这样,一直到阿伏伽德罗去世,人们也没承认有分子这样的微观粒子存在。可想而知,当时阿伏伽德罗的工作该有多么艰难,临终前该有多么遗憾。

迟到的肯定

因为道尔顿原子论的确立,众多的科学家开始热衷于测定各种元素的原子量。尽管大家采用了多种方法,但因不承认分子的存在,这些实验数据使得化合物的原子组成变得很难测定。于是有的人用"复杂原子"代替"分子"来解释他们所遇到的数据上的差异。可是人们发现这种复杂原子越来越多、层出不穷,而且还有很多不同的组合。原子量的测定数据呈现出一片混乱,好像永远也难以统一似的。部分化学家甚至开始怀疑原子量是否能够准确测定,原子论是否正确了。

特别是在有机化学领域,因为原子论的局限产生了更大的混乱。例如,有机化合物都是由分子组成的,如果按原子来测量,就会出现"有些物质原子量相同,但是性质差异却很大"的现象,也就是有机化学中的同分异构现象(分子式相同,结构不同的多种有机物之间互为同分异构体),这个现象完全无法用原子论的观点来解释。原子论渐渐成为化学研究的障碍。

——就好像绳子在这儿打了结，怎么将，都将不顺它们的关系。

这以后，首先认识到阿伏伽德罗分子假说重要意义的人，是意大利的化学家康尼查罗。1858 年，他在其著作《化学哲学简明教程》中就当时关于原子与分子的概念、原子量与分子量使用中存在的混乱情况提出了自己的观点：我认为，阿伏伽德罗定律和盖·吕萨克定律是解决这个问题的钥匙。

按照阿伏伽德罗的观点，在温度和压力相同的条件下，等体积的任何气体中所包含的微粒数目是相同的，应该把这些微粒称为分子，而不是复杂的原子；否则，就会出现混乱局面。

1860 年 9 月在卡尔斯鲁厄召开了一次重要的国际化学家代表大会，几乎所有欧洲著名的化学家都参加了这次会议，力求通过讨论，在化学式、原子量等问题上取得统一的意见。在会议上，来自世界各国的约一百五十名化学家争论激烈，始终未能达成一致。

此间，康尼查罗散发了他所写的一篇短文《化学哲学教程概要》，希望大家重新开始研究阿伏伽德罗的学说，他明确指出：原子是组成分子的最小微粒，而分子又是体现物质性质的最小粒子。他还肯定了法国化学家杜马根据阿伏伽德罗定律制定的测量分子量和原子量的方法是"极好的方法"。

终于，康尼查罗的短文引起了德国青年化学家迈耶尔的注意，他认真研究了阿伏伽德罗的理论，于 1864 年出版了《近代化学理论》一书。许多科学家从这本书里，懂得并终于接受了阿伏伽德罗的理论，承认了阿伏伽德罗的分子假说的确是扭转这一混乱局面的唯一钥匙。可惜承认他的观点时，他已过世多年，甚至没有为后人留下一张照片或画像，现在的流传画像还是在他死后，按照石膏像临摹下来的。

于是为了纪念这位科学家的工作，人们将该定律用发明人的名字命名，定名为阿伏伽德罗定律，一摩尔物质所包含的粒子数也称为阿伏伽德罗常数……这才成就了阿伏伽德罗在化学史上的传奇贡献。

——争论终于平息下去了，最终结果总算是美好的。

回头看看，盖·吕萨克的假说和阿伏伽德罗定律的描述，却发现其实只有一个字的差异。盖·吕萨克的假说是：同温同压的条件下，相同体积的不同气体含有相同数目的原子；而阿伏伽德罗修改后的描述是：同温同压下，相同体积的不同气体含有相同的分子数。居然就一个字，而争论了二三十年之久，不可思议！

话可不能这么说，这在科研方面是非常非常重要的事情！一就是一，二就是二，不能有半点马虎。而且正是因为那个字没改，所以才会争论这么长时间。如果早一点按照阿伏伽德罗的意思来改的话，可能在 1811 年就结束这场争论了；又或者说，如果这个字在 1860 年还不改的话，那么这个争论还会继续下去，争论的时间还会更长，麻烦还会更多。这就是科学术语，它必须要精准，必须要符合事实。

文学作品中可以拟人，也可以夸张，而在科学中对物体的描述更讲究真实、精准，讲解的时候可能会用到一些比喻，但绝对不会夸张到离谱。教科书中的确切概念，更是板上钉钉、清晰明了。它们可能会让你觉得枯燥无味儿，但如果出现细微的偏差，肯定会导致更大的麻烦，所谓失之毫厘，就可能谬以千里。

原子与分子，表面上只一字之差，却就是有那么一些相关事实会因为描述的不够准确而无法解释清楚。现实中确实也出现了很多与之有关的问题，比如有的物质相对“原”子质量相同却具有不同的性质，还有类似性质的物质却测出了不同的相对“原”子质量……于是，混乱，混乱一片；争论，争论不休。一旦这个关键字改过来，问题就迎刃而解。

由于化学的学科特性，很多化学老师会形容化学是“理科中的文科”。注意，这可不是指各种华丽辞藻的堆砌，而指的是化学中精准和规范的语言表述。

化学,研究的是构成物质的微观世界,主要微粒是"六子"——原子、离子、分子、质子、中子、电子,它们都是些肉眼看不见的小家伙。人们只能通过由它们构成的物质,在现实中体现出的质量、密度、熔沸点、化学反应现象等外在表现,才能综合了解和判断它们。

即使在科技发达的今天,人们可以通过高倍电子显微镜观察到这些微粒,也还无法做到让每位学子都看到这些小家伙们。因此,化学知识的传承和学术交流还是得依赖化学用语的描述。可以想象,如果这些语言不能做到精准规范的话,那可就要乱套了。一千个人会有一千种表达,那还怎么交流呀,耗费在统一思想上的时间就足以把人累得半死。比如,最常见的一氧化氮的分子式 NO,就只能是两个大写的字母;不小心把后面一个字母写小了,就变成了 102 号元素锘(No)了,完全不是一回事了!

各种化学实验现象的描述也是这样的,比如燃烧,就有火焰、火星、火光、安静燃烧和爆炸等不同描述,金属钠是黄色的火焰,铁丝在氧气中燃烧是火星四溅,木炭在氧气中燃烧是耀眼的白光,氢气在氯气中燃烧是安静的苍白色火焰,而氢气和氯气混合见强光则是——嘣,爆炸了! 这样描述让没见过这些实验的人也能准确地想象出实验的整个过程。

——文学作品里也有类似这样斟字酌句的例子!

唐朝著名诗人贾岛,在写《题李凝幽居》的时候,就纠结过一个字,"闲居少邻并,草径入荒园。鸟宿池边树,僧敲(推)月下门。"

到底是"推"还是"敲"? 最后还是选择了"敲",更显礼貌,毕竟是半夜了,推门而入岂不成小偷了。

精准和规范的语言表达,在生活中一样是必不可少的。比如,各种法律文件,一定字斟句酌;各种商业合同,必定一丝不苟;再近一点,各种家用电器的使用说明,不能马虎了事;爸妈和老师布置的任务,肯定得明确吧;否则,怎么照做呢,小伙伴们会蒙的哦!

在医生面前，要准确表达你的感受，哪里不舒服了，哪里疼呢，是头、胸、腹，还是四肢；还有怎么个痛法，阵痛、酸痛、刺痛……

再或者，我们有情绪了，分析下是哪种情绪正主导着？愤怒、忧郁、惊恐、担忧……怎样准确表达，才能解决问题呢？

要知道语言可是人的另一面镜子，它可以反映出你的本来面貌，但也可能是别的。准确表达自我，联系他人，就是其中必不可少的一环。这与化学里精准规范的目的，其实是一样的。

细心的你可能还会在生活中发现更多类似的例子。或许，文学里的华美辞藻，可以为我们的生活增姿添彩；但理科中的精准规范，更是不可或缺，它能让我们规避生活中的很多误解，带来持久的快乐。这就是精准规范的魅力。

——别烦了，背元素符号去吧，不然明天又要被化学老师罚抄了！

第七章

铁匠铺出来的订书童

有一种说法,打铁是男人的事业。没有力量不能打铁,没有胆量也不敢打铁,没有吃苦的精神更不愿打铁。我国有句俗语:"打铁还需自身硬",说的就是这个道理。每至烘炉生火的时候,温度骤升,拉一阵风箱,汗水满头,抢一番铁锤,更是挥汗如注。那十几斤重的大锤轮番起落,确实需要超人的力量与气度。

订书对我们现代人来说是个很陌生的词,这项工作离我们普通人很远,我们更多的是买书和看书,根本不会去想书是怎么制作出来的。十八世纪末期,书还没有工业化生产,都是由手工装订。当时的书商既要负责卖书,也要负责印刷、装订图书。书籍的装订要求整齐美观,可想而知,这是个很能考验订书人耐心的细致活儿。

听演讲的订书童

一个是打铁,满身肌肉,汗流浃背;一个是订书,耐心细致,安静整齐。怎么看这两种职业都不会有太多关系,可是它们却在我们这个故事的主角身上发生了奇特的"化学反应",打造出了一个自学成才的科学家。他就是迈克尔·法拉第。一起来看看他的档案吧:

全名:迈克尔·法拉第

生日:1791 年 9 月 22 日

出生地:英国萨里郡纽因顿

毕业院校:仅读过两年小学

个人简历:

1803 年,迫于生计在街头当上了报童。

1805 年,到一个书商兼订书匠家里当学徒。

1806～1810 年,在哥哥的资助下,有幸参加了学者塔特姆领导的青年科学组织——伦敦城哲学会。

1813 年,成为英国化学家汉弗里·戴维的助手,开始了他的科学生涯。

1815 年,随戴维到欧洲大陆国家考察后回到皇家研究所,并在戴维的指导下开始独立研究。

1816 年,发表了第一篇科学论文。

1818 年,和斯托达特合作研究合金钢,首创金相分析方法。

1820 年,用取代反应制得六氯乙烷和四氯乙烯。

1821 年,完成了第一项重大发明——第一台电动机,并出任皇家学院实验总监。

1823 年,发现了氯气和其他气体的液化方法。

1824 年,当选为皇家学会会员。

1825 年,接替戴维任皇家研究所实验室主任,同年发现苯。

1825～1829 年,被戴维指派去进行光学玻璃实验,但没有显著进展,直到戴维去世。

1831 年,发现了电磁感应效应,后被命名为法拉第电磁感应定律。

1833 年,经过一系列实验,发现当把电流作用在氯化钠的水溶液时,能够获得氯气,并且发现了两种碳化氯。

1839 年,总结了两个电解定律,构成了电化学基础,并将化学中的许多重要术语给予了通俗的名称,如阳极、阴极、电极、离子等。

1845 年,发现了被他命名为抗磁性,现在则称为法拉第效应的现象。

1867 年 8 月 25 日,在书房安详地离开了人世,享年七十六岁。

每个人的出身都是不由得自己选择的,法拉第也一样。1791 年法拉第出生于萨里郡纽因顿一个贫苦铁匠家庭。他的父亲体弱多病,因而收入微薄,仅能维持全家人的温饱;但铁匠父亲很注意对孩子们的教育,要求他们勤劳朴实,不贪图金钱地位,做一个正直的人。这对法拉第的思想和性格有重大影响。

家庭的贫苦使法拉第仅受了两年小学教育,便为生计所迫踏入社会。一开始他只是个满大街卖报的报童,十四岁那年到一个书商兼订书匠家里做了学徒。与别的学徒不同的是,他除了装订书籍以外,还经常阅读那些书籍。订书店里书籍堆积如山,正好迎合了法拉第强烈的求知欲望。他利用书店的条件,如饥似渴地阅读了各类书籍,汲取了许多自然科学方面的知识,尤其是《大英百科全书》,其中的电学部分更是强烈地吸引着他。

法拉第不放过任何一个学习的机会。在哥哥的资助下,他参加了学者塔特姆领导的青年科学组织——伦敦城哲学会。通过一些活动,他初步掌握了物理、化学、天文、地质、气象等方面的基础知识。这让他对科学更加感兴趣了,经常一个人在小阁楼里利用废旧物品制作静电起电机、莱顿瓶等,进行简单的化学和物理实验,来验证书中看到的原理。

一位被法拉第的好学精神所感动的书店老主顾,送给他一些当时伦敦皇家学院院长、著名化学家汉弗莱·戴维讲演的听讲证。1812 年秋,法拉第听了四次戴维的讲演,激起他对科学研究的极大兴趣。与其他听众很不一样,他不仅去听了,还把演讲内容全部记录下来,精心整理,并费了不少心思附上插图。这时的法拉第已经是一名正式装订工,但是他还是渴望到科学研究部门里去工作。

1812 年冬季的一天,法拉第来到伦敦皇家学院求见院长戴维。作为自荐书,他把自己整理好的演讲笔记送给戴维,并希望戴维能帮助他实现科学研究的愿望。这本簿子装订得整齐精美,给戴维留下了很好的印象。当时戴维正好缺少一名助手，于是法拉第如愿以偿，在1813 年 3 月进入皇家研究院实验室，正式成为了戴维的助理实验员，从此开始了他梦寐以求的科学研究生活。

——戴维对科学最大的贡献就是发现了法拉第。

法拉第勤奋好学、工作努力，很受戴维的器重。1813 年 10 月，戴维夫妇决定去欧洲大陆国家考察，法拉第以仆人的公开身份作为秘书随行；但他不计较地位，也毫不自卑，而是把这次考察当作学习的好机会。这次旅程从法国延展到意大利、瑞士、德意志和比利时。一路上，法拉第结识了不少朋友，很多学者都很赏识这位陪伴戴维的朴实年轻人的才华。在旅途中，他见到了许多著名的科学家，参加了各种学术交流活动，还学会了法语和意大利语，大大开阔了眼界，增长了知识。

在巴黎，他们参观了盖·吕萨克的实验室，与他一起研究了一种新发现的物质——碘。在日内瓦，法拉第成了德拉里夫和他儿子阿瑟·奥古斯特的终生朋友。这次为期十八个月的旅行，让法拉第在学术领域有了很大的发展，他不仅见了许多著名的科学家，还了解了他们的科学研究方法。回到英国以后，他也开始了独立的研究工作，并于 1816 年发表了第一篇化学论文，论述托斯卡纳生石灰的性质。

许多年后，法拉第提到他的第一篇论文说：戴维爵士给了我做这个分析的机会，这是我在化学上的第一次尝试，其实那时我的恐惧大于我的信心，而这两者又大于我的知识，那时我根本未想到我会写出一篇有创见的科学论文。

法拉第而后又写出了更多的论文、书信和实验笔记。作为一位勤奋、严谨的科研人员，到他 1860 年前后结束科学研究活动时，所记的实验笔记已多达一万六千多条，并且都仔细地依次编号，然后分订成许多卷。在这项工作中，法拉第显示出他过去当装订工时学会的高超技能。

正是这些实验笔记,让我们看到了法拉第在科研征途上的辛勤奋斗。

订书童的成就

法拉第这位自学成才的科学家,一生研究过很多课题,还自称为"自然哲学家"。他各方面的主要成就有:铁合金(1818～1824 年),氯和碳的化合物(1820 年),电磁转动(1821 年),气体液化(1823～1845 年),光学玻璃(1825～1831 年),苯的发现(1825 年),电磁感应现象(1831 年),不同来源的电的同一性(1832 年),电化学分解(1832 年),静电学、电介质(1835 年起),气体放电(1835 年),光、电和磁(1845 年起),抗磁性(1845 年起),射线振动思想(1846 年起),重力和电(1849 年起),时间和磁性(1857 年起)……

他的研究涉及化学、物理中的多个领域。他在各领域中都有非常重大的发现,如法拉第电解定律、法拉第电磁感应定律等。他著有《电学实验研究》《化学操作》《蜡烛的化学史》等著作。无论生前还是身后,法拉第都被公认为最伟大的"自然哲学家"之一。

著名的开尔文勋爵在纪念法拉第的文章中说:他的敏捷和活跃的品质,难以用言语形容;他的天才光辉四射,使他的出现呈现出智慧之光;他的神态有一种独特之美,使有幸在他家里、皇家学院见过他的,从思想最深刻的哲学家到最质朴的儿童,任何人都能感觉到。

提出能力守恒定律的物理学巨人亥姆霍兹对法拉第的评价也很高,在他写给自己夫人的信中说道:我有幸会见了英国和欧洲的第一流物理学家法拉第……这对我是一个非常幸福和高兴的时刻;他淳朴、温和、谦恭有如小孩;我尚未遇见过这样可爱的人;而且,他待人也是最亲切的,他亲自向我展示了一切;但是这不算什么,因为只要有一些木头,一些导线和一些铁片,就足以使他作出最伟大的发现。

法拉第的贡献惠及每个人,他把人类文明提高到空前高度。有人说:比他名气大的人还有很多,如牛顿和爱因斯坦,但就对人类直接的贡献来说,最大者应属于法拉第和发明青霉素的弗莱明;没有人能同太阳比光辉,但是法拉第确实给人类带来了光明的动力;铭记先人才会进步,也许对人类贡献最大的是科学家,而不是政客,五百年后政客都会淡出,但法拉第们是不朽的。

虽然 1821 年法拉第也曾研究过电和磁,但是他在这方面的研究并没有持续。1830 年以前,法拉第主要以一位化学家的身份站在历史的舞台上,他的科学成就赢得了不小的国际声誉。

1818 年,法拉第和斯托达特合作,试图制造出一种改良钢,用来生产更锋利的刀片。他们在铁里掺入铂、银、钯、铬等金属,制成了各种合金钢,并且首创了金相分析法。然而 1823 年斯托达特去世,使得法拉第只好转而从事其他的研究。他们所制的刀片样品至今仍保存着,其中有一些刀片的质量很高。可以说,如果他们在这个领域继续研究下去,很有可能发现现代冶金学的一些重要结果。

法拉第打那之后又开始了碳化合物的研究,并用取代反应制得了六氟乙烷和四氯乙烯。随后他开始研究伦敦照明用的气体。当时电力还不普及,城市的照明往往使用“汽灯”。法拉第研究的用于照明的气体,是用动物油经过加热而发生热裂解后制得的。他发现当这些气体用完后总会在容器中残留下一种液体,于是便非常仔细地对这种残留液进行分析提纯。在其中,他找到一种由碳氢组成的沸点为 80 ℃ 的成分,其碳氢比为一比一。此时的他并没有认识到其重要性,也不了解它的奇异的分子结构,只是将其称为“氢的重碳化物”。这种物质也就是苯。

为了液化气体,法拉第专门设计了一套装置,将一只倒 V 形的结实玻璃管的一端浸在制冷混合液体中,从另一端压入要液化的气体增加管内的压力。简单而言,就是降温加增压。这方法简单巧妙,效果显著。用它法拉第成功液化了氯气、二氧化硫、硫化氢、二氧化碳、一氧化氮、氨气、氯化氢等好几种气体。

为了研究光学,法拉第制造出了很多新型的玻璃。一次他将其中一块玻璃样品放入磁场中发现了,极化光平面受磁力造成偏转及被磁力排斥的现象。法拉第还尽力创造出一些化学的常用方法。他发明的一种加热工具是本生灯的前身,作为热能的来源在科学实验室中广为采用。

1833 年,法拉第经过一系列实验,发现当电流作用在氯化钠的水溶液时,能够获得氯气,即 $2NaCl + 2H_2O \rightleftharpoons 2NaOH + H_2 \uparrow + Cl_2 \uparrow$,这为氯碱工业奠定了基础。进一步通过大量实验,他发现了电解的秘密,提出了两条法拉第电解定律。从他的两条电解定律中,我们可以感受到他严谨认真的科学态度,他不仅仅发现了电解的内在规律,而且还具体到各种数据间的关系。

所有这些工作都显示出了法拉第卓越的化学才能和工艺才能,即使没有其他的贡献,他也将被认为是杰出的化学家。他把自己的丰富经验总结为一本六百多页的巨著,书名为《化学操作》,并于 1827 年出版。这是法拉第除了电学研究和其他研究论文集以外所写的唯一一本书。就是在今天仔细阅读它,也会给人一种直接和新颖的非凡印象。

法拉第真正的兴趣并不在化学上,他在化学方面的研究可能更多是受到导师戴维的指引。1820 年丹麦化学家、物理学家奥斯特发现了电流的磁效应,受到科学界的广泛关注。1821 年英国《哲学年鉴》的主编约请戴维撰写一篇文章,评述奥斯特发现电流磁效应以来电磁学实验的理论发展概况。戴维把这一工作交给了法拉第,于是他开始收集资料,并与戴维和沃拉斯顿他们讨论相关问题。

随后,法拉第制作了两个装置用来产生他称为"电磁转动"的现象,即由线圈外环状磁场造成的连续旋转运动。他把导线接上化学电池使其导电,然后将导线放入内有磁铁的汞池中,发现导线会绕着磁铁旋转。这个装置现在称为单极电动机,这个实验发现也成为现代电磁科技的基石。戴维和沃拉斯顿都曾尝试设计一部电动机,但是都没有成功;而法拉第在没有通知他们的情况下,就擅自发表了此项研究成果。这招来了诸多争议,迫使他离开电磁学的研究数年之久。

直到 1829 年戴维去世以后,法拉第才重又开始电磁方面的研究。虽然经历过许多失败的实验,但他始终坚信,如果电流能产生磁场,那么磁场也一定能够产生电流。1831 年底实验终于有了巨大的突破。法拉第发现了变化磁场能够在封闭电路中产生电动势,即著名的电磁感应现象。他当时总结出变化的电流、变化的磁场、运动的恒定电流、运动的磁铁、在磁场中运动的导体,会在导体中产生感应电流。他不仅向世人展示了"磁场的改变产生电场"的观念,而且还根据法拉第电磁感应定律建立起数学模型,并成为四条麦克斯韦方程之一。依照此定律,法拉第发明了现代发电机始祖的早期发电机。

1839 年,法拉第成功地进行了一连串实验,带领人类了解了电的本质。他使用"静电"、电池,以及"生物生电"研究了静电相吸、电解、磁力等现象。由这些实验,他总结出与当时主流想法相悖的结论,即虽然来源不同,但产生的电都是一样的;此外若改变电流的大小及密度(电压和电荷),则可产生不同的现象。

1845 年,他发现许多物质在做成细针时都会使自己的方向垂直于磁力线,而且被磁铁的两极推开。法拉第花了好几个月时间仔细研究这一现象。当时这个现象被他命名为抗磁性,今天则称为法拉第效应。

法拉第懂得用条理清晰且简单的语言表达他在科学上的想法,即使他的数学能力很薄弱,只能计算简单的代数,也不忘在他的定律中表达出准确而简单的公式。他把磁力线和电力线的重要概念引入物理学,通过强调吸引不是磁铁本生的能力而是它们之间"场"的作用,为当代物理学中的许多领域开拓了道路。他记录并收集整理出的一万六千多条实验记录,被后人分卷出版了著名的《电学实验研究》。

——看着这些满满的成就,不能不为这个订书童点个赞!

加油法拉第们

法拉第不只是一名严谨认真的科学家,也是一位出色的演讲者。1825 年,戴维建议任命法拉第为实验室主任,还帮他创办了一个定期的"星期五晚讲座"。法拉第花费了许多精力来提高自己的讲演艺术,希望让更多的人像他当年听戴维的演讲一样了解科学、了解科学研究的方法。他不仅讲,还对讲演的各个细节提出了完善建议和准则。

如此的努力,其演讲效果可想而知。有一组数据来说明他受欢迎的程度:尽管皇家学院的听讲费颇为昂贵,但只要是法拉第演讲,讲演大厅里就会挤得水泄不通,而其他人的平均听众人数只有他的三分之二。

除了星期五晚上的讲座以外,法拉第在圣诞节期间还为儿童设立了专门的通俗讲演。其主题之一《蜡烛的化学史》,一个多世纪以来鼓舞了无数青年人。在生命的最后几年,由于记忆力日益丧失,法拉第逐渐丧失了工作能力。1860年他进行了最后一次圣诞节讲演,这之前他完成了一百多次星期五晚间讨论讲演,在圣诞节少年科学讲座上讲演长达十九年之久。他的科普讲座深入浅出,并配以丰富的演示实验,深受广大听者的欢迎。

每个时代都需要有一些特殊才智的人,法拉第就被公认为最伟大的"自然哲学家"之一。他想象力丰富,独创了很多实验方法、实验器材。他的动手能力很强,拥有足智多谋的实验才能。这与他年少时的订书技能不无关系。

法拉第有着强烈的工作热情,主动争取过很多任务,如争取成为戴维的实验室助手,争取参与欧洲游历,争取独立研究。他极具耐心,在枯燥的实验过程中从不要求学生帮助,总是自己动手准备实验和做实验,一边工作,一边思考。有时候,他在实验室里一待就是好几个小时或好几天,准备讲演用的仪器,或者做清洗工作,一天几乎不说一句话。

早年听的那些哲学课程,使法拉第的哲学思想得以健全,也使他看待科学问题的视野更为开阔。他的游学经历也为他提供了统观一切的广阔视角,游学中他结识了众多的科学家,了解了他们的研究方法,如关注奥斯特的电流引发磁现象,关注阿尔果的圆盘实验等,都为他后续的研究提供了参考。他的很多观点并不是当时的主流,但他能坚持自己的想法,例如对电本质的描述,他坚持提出了不同来源的电的同一性。这表明他具备分辨真正发现与假象的批判精神。

此外,法拉第在平面几何和空间几何上的洞察力,帮助他弥补了数学上的不足,想象出了电场和磁场,发现了法拉第电解定律及法拉第电磁效应。他具备持久思考的能力,往往经过长达几个月甚至几年的不懈思索,最终探寻出一个科学实验的结论所蕴含的奥秘。至为重要的是,法拉第超乎常人的勤奋。从他勤于写信,勤于实验记录,勤于整理,便可见一斑。

在法拉第留下来的笔记中,记录了这样一段话:我一直在冥思苦想,什么是使哲学家获得成功的条件,是勤奋和坚韧精神加上良好的感受能力和机智吗?难道适度的自信和认真精神不是必要条件吗?许多人的失败难道不是因为他们所向往的是猎取名望,而不是纯真地追求知识,以及因获得知识而使心灵得到满足的快乐吗?……至于天才及其威力,可能是存在的,我也相信是存在的,但是我长期以来为我们实验室寻找天才却从未找到过,不过我看到了许多人,如果他们真能严格要求自己,我想他们已成为有成就的实验哲学家了。

法拉第为人质朴、不善交际、不图名利,喜欢帮助亲友。他所做的一切,只是为了纯真地追求知识,并因获得知识而感受到满足的快乐。为了能专心从事科学研究,他放弃了一切有丰厚报酬的商业性工作,他甘愿以平民身份实现献身科学的诺言。

法拉第没有上过正规的学校,但却不妨碍他成为一位伟大的科学家;但这并不意味着上学是没有意义的!法拉第虽然发现和创造了很多辉煌的成就,但是他最终还是没有能将它们系统化、体系化。这样碎片化的研究,以及数学能力上的短板,无疑阻碍了他对知识的进一步探索。如果他有过系统化的学习,他的研究工作可能更顺利一些,他对人类的贡献完全有可能超过牛顿、爱因斯坦。

更何况我们所处的当代距离法拉第那个年代已过去两个多世纪,人类在这二百多年中又继续积累下了海量的知识,很难有人在没经过系统训练的情况下,进行科学研究与探索并取得突破。可能会有人认为,正规的学习过程让人止步不前,因为没有了像法拉第那样的强大的求知和探索欲望。这不是什么站得住脚的由头,成才的关键是你想成为一个什么样的人,并为自己的理想甘愿付出多少努力。

就像法拉第看到的,很多人的研究并不纯真,也并没有付出全力,那么发现的东西自然会比别人要少。知识其实没有好坏之分、喜忧之别。与其满脑子的"不高兴",还不如带着好奇的心态高兴地去掌握它们、去探索未知。

努力学习,坚持探索,谁知道你不是下一个法拉第呢?

——加油了,法拉第们!

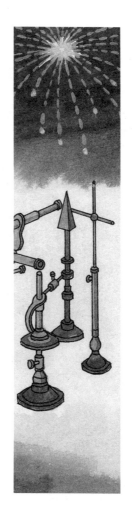

第八章
不一样的焰火

看到焰火两字,很多人马上会想到过年时的烟花爆竹。记忆中,每当过年的时候,人们兴奋地看着它划破寂静幽暗的夜空,带来巨大的声响和瞬间的璀璨,随后消逝在黑色的天幕里,留给仰望它的人们以快乐的回味与无尽的遐想。一朵接一朵的烟花,在天空中绽放;被火光映红的笑脸,也像一朵朵花儿一样,跟着灿烂起来。

焰火,或称烟火、烟花,是中国古老的民间游戏之一。焰火的主要材料是火药和纸,这两者都是中国古代四大发明之一。比焰火早些的爆竹始于唐代,相传出生于湖南浏阳的李畋,把火药填进竹筒里制作了"爆竹",用于驱赶瘴气,后又用纸筒代替竹筒,对爆竹进行了改进。因此李畋被公认为"爆竹祖师"。他的子孙发明了烟花。人们将烟花和鞭炮总称"花炮"。

曾经的一首流行歌曲中唱道:"我就是我,是颜色不一样的烟火。"很多人很喜欢这比较自我的一句,它唱出了歌者对自己的那些"与众不同"抱有的自信。

——谁最早"读"懂了焰火的不一样颜色呢?

与众不同的青年

本生是个能"读"懂焰火颜色的"与众不同"的人。他是在化学史上具有划时代意义的少数化学家之一,他和基尔霍夫发明的光谱分析法,被称为"化学家的神奇眼睛",后人用其发现了很多新奇的元素。一起来看看他的档案吧:

全名:罗伯特·威廉·本生

生日:1811 年 3 月 30 日

出生地:德国哥廷根

毕业院校:哥廷根大学

个人简历：

1828 年，霍茨明登大学预科毕业后，进入哥廷根上大学。

1830 年，在大学里学习了化学、物理、矿物和数学等课程，并以一篇物理学方面的论文获得了博士学位。

1830～1833 年，完成了他欧洲各地的游学生活后，担任哥廷根大学等学校的教师。

1841 年，发明了本生电池，其后他使用这种电池进行了水的电解，测定了锌和水的化学当量，证实了法拉第定理，并发明了电量计。

1842 年，当选为英国皇家化学会会员，并被法兰西科学院聘为外籍会员。次年，任布勒斯劳的化学教授。

1843 年，在做二甲砷氰化物的研究时，实验装置发生了爆炸，使他的右眼失明。

1844 年，创制了光度计。

1853 年，发明了本生灯；担任德国科学院的通讯院士。

1857 年，出版了《气体定量法》总结了他研究气体的各种方法。

1859 年，和物理学家基尔霍夫开始共同探索通过辨别火焰的颜色进行化学分析的方法，并研制出第一台光谱仪。

1860 年，和基尔霍夫再次联手，在狄克海姆矿泉水中，发现了新元素铯。为此，英国皇家学会授予他荣誉奖章。

1861 年，分析云母矿时，又发现了新元素铷。此后，光谱分析法被广泛采用。

1868 年，创造了分离钯、铑、钌、铱的方法。

1870 年，发明了独创的热量计——冰热量计。

1875 年，对稀土原始阶光谱作了统一研究和描述。

1877 年，和基尔霍夫共同获得了戴维奖。

1887 年，制出了蒸汽热量计，测定了铂、玻璃和水的比热。

1890 年，获得了英国工艺学会的何尔伯奖。

1899 年 8 月 16 日，与世长辞，享年八十八岁。

本生出生在德国哥廷根的一个书香门第，兄弟四人中他排行老四。他的父亲查理斯恩·本生是哥廷根大学图书馆馆长、语言学教授，母亲是一位学识渊博的高级职员的女儿。

在哥廷根读小学和中学时，本生成绩优异。1828 年大学预科毕业后，他从霍茨明回哥廷根上大学。大学期间，本生的化学教师是著名化学家、镉元素的发现人斯特罗迈尔。1830 年，年仅十九岁的他，因一篇综述约四十种湿度计的论文荣获科学奖金，并于 1831 年秋获得博士学位。此后他在汉诺威市政府的资助下，开始了到各地进行学术研究的旅行。

他在卡赛尔、吉森、柏林、波恩等地结识了分析化学家弗里德里希·费迪南·龙格，有机化学家尤斯图斯·冯·利比希，无机化学家艾尔哈特·米采利希等一批良师益友。在巴黎，他曾到盖·吕萨克的实验室工作过一段时间，并在综合技术学校听讲座，结识了不少法国著名学者。在维也纳，他参观那里的工矿企业。一路上，本生遍访化工厂、矿产地和知名实验室，结识了许多知名科学家。这次游学令他开阔了视野，这对之后进行学术研究有很大的帮助。

游学结束后，本生回到哥廷根大学任教。他这个热爱研究的青年颇有些与众不同，对研究工作实在太投入了，所有的人生大事儿好像都比不上他正在进行的研究，甚至结婚当天竟然忘记了举行婚礼的时间。于是，他终生未娶，并且一次也没有主动去追求过异性。当学生们问其原因时，他都是说"没有工夫"。

——连人生大事都没工夫，他都在研究什么呢？

广泛的好奇心

本生一开始只是研究一些具体的化学物质。他系统地研究了砷酸盐和亚砷酸盐,发现了水合三氧化二铁可以用来作砷中毒的解毒剂。他研究过一系列氰化物,并指出亚铁氰化铵、亚铁氰化钾是相同晶型,还发现了亚铁氰化铵和氯化铵的复盐。之后他进入有机领域,开始研究二甲砷基化合物,并围绕这一课题发表了五篇论文。

做二甲砷氰化物的研究时,他两度因砷中毒而濒临死亡。1843年,他因氰化砷实验装置发生爆炸失去了右眼。但即使这样,他也没有放弃对二甲砷氰化物的研究,一直到1853年他在讲学时还指出,二甲砷基的基,应当写成$As(CH_3)_2$,因为它存在着两个甲基。1858年,本生已经能够写出几乎所有二甲砷基化合物的组成了。这些只是他研究工作的冰山一角。

1839年,英国科学家威廉·罗伯特·格罗夫采用铂丝作为催化剂,以氢气和氧气分别作为燃料和氧化剂,制造出了世界上第一个燃料电池,当时被称为气体电池。它的发电原理与化学电池相似,但实现了化学物质与电池的分离。使燃料氢气与氧化剂氧气中所蕴含的化学能,不通过燃烧转化为热量,而是通过电池中的电极和铂丝的催化,等温地直接转化成电能。由于整个过程无热量散失,能量转化效率更高。

但是,本生发现了格罗夫电池中的不足,于是做了一点小改动,于1841年发明了本生电池。他将格罗夫电池中的铂丝改为了碳,这使得本生电池的造价更便宜。不仅如此,本生还发现用碳棒和金属锌代替原来的铂和铜,作电池的阳极和阴极时,同样也起到能贮存电能的效果,而且作用更好,它们能够长期使电池的电力不发生减弱。

本生电池的发明,开启了一连串的重要研究发现。他用这种电池进行了水的电解,测定了锌和水的化学当量,证实了法拉第定理,也就是物质的电化当量与它的化学当量成正比。然后又根据水的电解并结合法拉第定理,发明了用于测量电路中通过多少电量的电量计,也称为"库仑计"。1843年,本生把许多电池连接在一起,再连接弧光灯,使之发出了耀眼的强光。1844年,他又创制了光度计用来衡量灯光的亮度。

本生进行了水的电解后,开始将其他物质也拿来进行电解实验。1852年,他发现把熔融的氯化镁进行电解后,能在阴极上制得金属镁;并且这些金属镁燃烧时,能发出美丽的强光。于是本生进一步开始了光化学的研究。

根据电解熔融氯化镁制备金属镁的方法,本生又电解出钠、钙、钡、锂、铬和锰等许多其他的金属。这些金属中,多数已由其他人用其他方法制备出来过,也有一部分是本生用电解方法初次分离出来的,比如锂。本生提出的金属电解法具有划时代的意义,其产量不仅能满足实验室的研究用量,而且能满足工业上的需求。

1852年,海德堡大学聘请本生为化学教授。他发现学校的实验室很多方面已经远远赶不上化学的发展了,便向学校提出要根据自己的设计建造化学实验室。学校同意后,本生经过三年的改造建成了新的化学实验室,可新的问题却接踵而来。当时主要的加热用具是酒精灯,其外焰最高温度仅400 ℃,达不到某些高温实验的要求。

本生受城市煤气路灯的启发,设计利用煤气加热的装置。可新装置的黑烟太大,效率也很低,这让本生的灯具改良陷入了僵局。这时他的一个学生从英国带回了法拉第发明的一种圆锥形、能上下移动、顶部有个金属网的灯具。试用以后,本生发现这种灯依旧火焰小、温度低、不稳定，火焰大小也不好调节。问题到底出在哪里呢？经过思考，本生发现这种灯同酒精灯一样都是靠外部供给空气燃烧的，由于煤气与空气接触的时间很短，混合不够充分，燃烧不完全造成火焰温度不高，且黑烟滚滚。

本生认为要想火焰燃烧得旺，就一定要在点燃之前将气体充分混合。这种想法得到同事彼得·迪斯德加的认同，他开始帮助本生实现想法。经过一次次试用和改进，1853 年他们制造出下方有一个可调节的通风口的煤气灯。本生发现煤气灯火焰的颜色与煤气燃烧的充分程度有关，如果增大通风口，保证煤气与空气充分接触、充分燃烧，火焰的颜色会随着黑烟的减少而变浅，最后几乎看不到外焰的颜色。当空气与煤气的比例为 3:1 的时候，火焰颜色最浅，温度也最高，大概能达到 1500 ℃。

经本生改良后，这种煤气灯的体型更小、火焰温度更高，煤气量大时火焰不跳动，量少时也不熄灭，且没有回火的危险。虽然他并不是这种受到实验员们喜爱的煤气灯的发明人，但后人还是把这种灯用他的名字来命名，称为"本生灯"。现在很多燃气用具的设计都体现着本生灯的燃烧原理。

1844 年，本生旅行考察了意大利达斯卡尼火山地区，对火山喷气口汩汩冒出的气体产生了极大的兴趣。1846 年，他到冰岛进行了探险旅行，再次见到了火山喷出的气体，这让他决心寻找分析方法去弄清这些气体是什么。

本生苦心钻研气体分析的方法，几乎终生未曾间断过。他研究的气体分析法中，包括气体的捕集法、贮藏法、密度测定法、吸收率测定法、扩散速度测定法、燃烧法、爆炸试验法等，还曾把已知的格雷姆定律中的气体扩散速度和密度的关系做了进一步的展开。最后将它们合并在一起,于 1857 年出版了《气体定量法》。

——他的整个研究,好像就是不断在满足他强烈的好奇心。

化学家的神奇眼睛

人们很早就发现火焰有不同的焰色。早在中国南北朝时期,著名的炼丹家和医药大师陶弘景在他的《本草经集注》中就有"以火烧之,紫青烟起,云是真硝石(硝酸钾)也"的记载。十八世纪,普鲁士人马格拉夫观察到植物碱(草木灰,即碳酸钾)与矿物碱(苏打,即碳酸钠)可以分别使火焰着上各自特征的焰色。后来有不少人也注意到,有很多盐类、氧化物在火焰中也能呈现不同的颜色,例如德意志化学家格梅林在 1818 年发现锂盐使火焰呈现深红色,铜盐使火焰呈现蓝绿色。

1858 年秋到 1859 年夏,本生一直在进行着一组有趣的实验。他发现本生灯有个非常好的特点,它的火焰几乎没有什么颜色,而且还能达到一千多度的高温,于是就用它来研究不同的物质在火焰中呈现出的不同颜色。他在灯焰上重复着前人对焰色的研究实验,并对它们进行改进。例如,他同时点燃三盏本生灯,并分别往灯焰中滴加不同的食盐溶液:一滴是饱和食盐溶液,另一滴混有锂盐,第三滴混有钾盐。结果三个火焰都呈现黄色,看不出任何差别。显然钠的焰色把其他颜色掩盖了。本生又通过蓝色玻璃或靛蓝溶液做滤色镜观察,发现黄色得以滤去,滴加饱和食盐溶液的火焰变成无色,混有锂盐的呈现深红色,混有钾盐的呈现浅紫色。

他之后又收集了很多不同颜色的玻璃,配制了许多不同颜色的溶液,作为滤色材料试图提高焰色反应的选择性,来区别锂盐与锶盐在火中呈现的深红色,但都没有成功。直到现在,我们用焰色反应也只能有限地鉴别钾、钠等少数几种金属,其中用蓝色的钴玻璃来观察钾的焰色也是来源于本生的试验。

除了利用煤气火焰以外，本生还利用煤炭火焰、氢氧焰、氢焰等其他火焰，来进行火焰颜色的研究。他发现一种元素即使处于不同的化合物中，即使在火焰中发生了化学变化，即使火焰的温度不同，即使所使用的火焰类型不同，等等，这些因素对其特征颜色都不会有影响。例如钠元素，有钠元素的食盐（NaCl）、矿物碱（Na_2CO_3）在灼烧时火焰都是一样的黄色，在各种不同温度、不同类型的火焰中灼烧时也是黄色，也就是说钠元素的火焰颜色是特定的，它不会随所在物质、火焰温度、火焰类型等外界因素的影响而发生变化。

这些火焰的颜色或许真的像人的指纹那样各有不同，或许这就是不同金属元素的特征性质。但是，当把几种元素按照不同比例混合后，再放到火焰上灼烧时，本生发现含量较多的元素的特征颜色十分醒目，而含量较少的元素的特征颜色却不见了。看来仅凭颜色还是无法作为判别这些元素的依据。

本生有一位物理学家好友叫古斯塔夫·罗伯特·基尔霍夫，他俩经常在一起散步，讨论科学问题。一天，本生把他在火焰实验中所遇到的困难讲给基尔霍夫听，这位物理学家给出了一个非常好的建议——光谱。

对光和光谱的研究很早就开始了，基尔霍夫并不是最先开始研究光谱的人。1670～1672 年，著名物理学家牛顿负责讲授光学，他研究了光的散射，发现三棱镜可以将白光发散为彩色光谱，而再透过第二个三棱镜可以将彩色光谱重组为白光。他还通过三棱镜分离出单色光束，然后将其照射到不同物体上，发现色光不会改变自身的性质。他注意到，无论是反射、散射或是折射，色光都会保持同样的颜色。

1802 年，英国物理学家沃拉斯顿为了验证光的色散理论，重新做了牛顿的实验。他对实验做了一点点改进,在三棱镜前加上了一个狭缝,让阳光先通过狭缝再经过三棱镜,这样就可以认为只有一束光线通过了棱镜。这时他发现太阳光不仅被分解成了牛顿所观察到的那种连续的光谱,而且其中还出现了一些暗线。可惜他的报告没有引起人们的注意,知道这个现象的人很少。

1841 年,德意志物理学家夫琅禾费制成了第一台分光镜。它不仅有一个狭缝、一块棱镜,而且在棱镜前还装上了一个准直透镜,这能使进入狭缝的光都变成平行光;在棱镜后面,装上了一架小望远镜以及精确测量光线偏折角的装置。这样对光源作了很好的改造,并且能更准确地摸清这些光透过棱镜后的变化规律。

分光镜制好后,夫琅禾费点燃了一盏油灯,让其放出的光通过狭缝,进入分光镜。他发现在暗黑的背景上,有着一条条像狭缝形状的明亮的谱线,这种光谱就是现在所称的明线光谱。在油灯的光谱中,有一对靠得很近的黄色谱线,非常明显。夫琅禾费拿掉油灯,换上酒精灯,同样出现了这对黄线,他又把酒精灯拿掉,换上蜡烛,这对黄线依然存在,而且还在老位置。

夫琅禾费想,灯光和烛光可能都太暗了,太阳光很强,于是用一面镜子,把太阳光反射进狭缝。他发现太阳的光谱却和灯光的光谱截然不同,那里不是一条条明线光谱,而是在红、橙、黄、绿、青、蓝、紫的连续彩带上有无数条暗线。1814～1817 年,夫琅禾费在太阳光谱中共数出了五百多条暗线,其中有的较浓较黑,有的则较为暗淡。这些线,后来被称为夫琅禾费线,现在人们已经发现了一万多条类似的暗线。夫琅禾费还将太阳的光谱对比油灯、酒精灯和蜡烛的,发现在灯光和烛光中出现那对黄色明线的位置上,在太阳光谱中则恰恰出现了一对醒目的暗线,但他当时无法解释这一现象。

基尔霍夫很了解夫琅禾费关于太阳光谱的实验,甚至在他的实验室里还保存着夫琅禾费亲手磨制的石英三棱镜。当他听了本生的问题,让他想到了夫琅禾费的实验,于是他向本生提出了一个很好的建议,不要观察燃烧物的火焰焰色,而应该观察它们的光谱。他们越聊越兴奋,最后决定合作来进行一项实验。1859 年,本生中断了与学生罗斯科在光化学方面的研究,转而开始与基尔霍夫一起研究加热金属的放射光谱。

基尔霍夫把一台用狭缝、小望远镜和那个由夫琅禾费磨成的石英三棱镜装配成分光镜带到了本生的实验室。他们首先开始分析金属元素的光谱,给这些金属元素建光谱档案。本生把含有钠、钾、锂、锶、钡等不同元素的物质放在本生灯上燃烧,基尔霍夫就用分光镜对准火焰观测其光谱。

他们发现,不同物质燃烧时,会产生各种不相同的明线光谱。如果将几种物质混合起来,放在火焰上燃烧的话,这些不同物质的明线依然在光谱中同时呈现,彼此并不会互相影响。也就是说,根据不同元素的光谱特征,能判别出混合物中有哪些元素。这种情况就像许多人合影在同一张照片上,每个人是谁依然可以分得很清楚。

就这样,本生和基尔霍夫一起找到了一种根据光谱来判别化学元素的新方法——光谱分析法。这种方法的灵敏度很高,能够"察觉"出几百万分之一克甚至几十亿分之一克的元素种类。既然各种元素真的存在各自"不一样的焰火",或许能够利用这些"焰火"来测定天体和地球上物质的化学组成。于是他们开始了这方面的研究。

首先,他们像收集人类的指纹一样,分析了当时已知元素的光谱,给各种元素制作光谱档案。1860 年,他们开始检验各处的海水和矿泉水。这些水中的成分很复杂,他们将取来的水样进行浓缩检测,看其中包含哪些已知的元素，再想办法除去已知的这部分元素，如钙、锶、镁、锂等。这不是一项简单的工作，就像家里的食盐，放入水中容易，再想拿出来就难了。他们一点点地取样，一步步地除杂，再一遍遍地进行光谱检验。就像大海捞针那样，仔细地在这些母液里寻找着与众不同的谱线。

终于，当他们测试从瑞典丢克海姆采集来的矿泉水时，奇迹出现了，在分光镜中除了有钠、钾、锂的谱线以外，还能看到两条明显的蓝线。当时已知的元素从来没有在这个光谱区中出现过与之类似的蓝色谱线，因此他们得出结论，其中必然有一种新的元素存在。他们将它命名为铯（cesium，意为天蓝色）。然而除了预言以外，他们没有制得一丁点儿纯净的铯或者是铯的化合物；但科学家们还是很快承认了这个新元素的发现，这在元素发现史上是前所未有的。后来本生处理了几吨矿泉水，终于在1880年11月制得了铂氯酸铯。

不仅如此，他们也去测试各种矿石。有一种鳞状云母矿，当中含有丰富的钾，于是他们将这种矿石制成溶液，加入少量氯化铂，产生大量沉淀，然后用沸水洗涤这种沉淀，每洗一次，用分光镜检验一次。他们发现随着洗涤次数的增加，从分光镜里观察到钾的光谱线在逐渐变弱，最后终于消失；但同时又出现了另外两条深红色的光谱线，它们的颜色却在逐渐加深。本生和基尔霍夫确信这又将是一种新的发现。1861年2月23日，他们向柏林科学院报告：我们又找到了一种元素，由于它的深红色谱线，我们建议给他取名铷（rubidium，意为暗红色）。

这两种元素的发现，让光谱分析法名声大噪。光谱能检验出水里如此微量的元素，也让本生和基尔霍夫兴奋不已。他们于是开始检验矿石里所含微量的贵金属、稀有元素或放射性元素等。由于技术的限制，他们绘制了已知元素的特征光谱，但却并不能说明这些光谱的来源。不过,这已经非常了不起了。通过他们的研究,人们才能够解释太阳光谱中的夫琅禾费线是怎么来的,这也是现代天文学的一个重要基础。

本生和基尔霍夫开创的光谱分析法,被后人称为"化学家的神奇眼睛"。它不仅帮人们找到了铷和铯,还帮助研究太阳及其他恒星的化学成分,而且还开创了一项专门的研究——光谱学。应用光谱学的原理和实验方法,每一种元素都有它的特有标识谱线,把某种物质所生成的明线光谱和已知元素的标识谱线进行比较就可以知道这些物质是由哪些元素组成的。用光谱不仅能定性分析物质的化学成分,而且能确定元素含量,这种方法具有极高的灵敏度和准确度。

——想不到吧,火焰也会有这么多不一样的地方。

做颜色不一样的焰火

"我就是我,是颜色不一样的焰火!"本生就是这样的一个人,他不仅发现了这些"不一样的焰火",他自己也是一枚与众不同的"焰火"。

本生最与众不同的地方,当属对研究的热爱。他一生获奖无数,但是他都不以为然。他当选过英国皇家化学会的外籍会员、德国科学院通讯院士、法兰西科学院外籍院士,获得过英国皇家学会授予的荣誉奖章、英国皇家学会的戴维奖、英国工艺学会的何尔伯奖……,但是他对荣誉、勋章、奖章都很淡漠。他对他的学生和朋友说:这些荣誉和奖章的价值,全在于它们能使我的母亲感到高兴,可惜,她已经不在人世了。

1886年,海德尔堡大学举行建校五百周年庆祝活动时,请了许多显贵参加纪念大会。校长和显贵们纷纷致辞,许多人对本生的事业大加赞扬,但他却睡着了。学生的活动惊醒他时,他说正梦见一支试管掉在了地上。但是,他在科学研究中不仅不会打瞌睡,而且严肃认真、一丝不苟、热情十足。

一天,本生在阳光下晒滤纸,纸上有些铍的沉淀物。不料一只苍蝇突然落在了滤纸上,贪婪地吮吸着有甜味的沉淀物。如果让我们一般的人看到,第一反应是赶快把苍蝇赶走就好了。可本生却猛地冲过去,非要捉住那只苍蝇不可。他又是追、又是喊,惊动和吸引了好几个学生跟他一起来追歼这个"敌人",并最终把这只吃沉淀的苍蝇给捉住了。

更加令人想象不到的一幕发生了,本生把已经捏死的苍蝇放进白金坩埚,然后焚化、化验、称重,最终确定了被苍蝇吸走的沉淀物的重量,折算成他需要的氧化铍有一点零一毫克。他把这一点零一毫克的重量加到沉淀物的总数里,最后得出了元素铍的极其精确的分析结果……

没想到吧,本生捉这只苍蝇,只是因为他的定量分析的需要,哪怕是一点零一毫克的误差,他也丝毫不会放过。他就是这样一个对待研究极其严谨认真的人。

本生为了研究,为了他的事业,终身未娶。如果他将科研热情中的十分之一,去追求一个女孩子,会有什么结果呢? 这个还真不好说。总之,他的热情已经完全投入到他热爱的研究中去了。七十岁时本生在给他好友的信上说:垂暮之年,来日不多,回忆过去的欢乐,其中最使我快乐的是我们共同进行的研究工作。

确实,各人的喜好都是有特征的。本生喜欢研究,贝多芬可能就更喜欢音乐,姚明当然会更喜欢篮球……。我们要认识到,这个世界就是由不同的人组成的,他们有着各自独特的爱好,我们要接受并尊重其他人的选择,同时也要肯定我们自己的。正是因为人与人的不同,才使得生活绚烂多彩。如果你是个有心的人,不妨好好去观察一下,身边的人们都喜欢些什么?

当你发现你的喜好,与别人有所不同的时候,不必惊慌;当发现有人指责你的喜好的时候,也不必难过。要知道"我就是我,是颜色不一样的焰火",你完全有权力去做一个更好的、与众不同的自己。当然前提是你得分清楚是非,一定得在不妨碍社会基本秩序和不伤害他人的前提下,让自己做得尽可能的更好。

如果身边的人不理解你,别发脾气,这很正常。没什么的,去做有意义的事儿好了,极其认真地去做,认真地做好每一件事儿,多积累多磨炼,就能最终赢得他们对你的理解和支持,而这个过程就是成长。要像本生那样,热情专注于对知识的探索,才能让别人看到你的与众不同。

——我就是我,是颜色不一样的焰火!

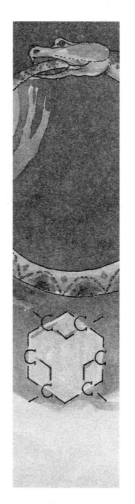

第九章

梦里的奇迹

梦境是个很神奇的地方。古今中外有很多关于梦的传说,还有人专门对梦进行研究,认为梦是对未来的预示。有些人则认为梦是潜意识的伪装,或是带着神秘的信息,可指引人们的生活。中国古代有人写过一本《周公解梦》,用梦境来占卜吉凶,其中共有七类梦境的解术。

现在对梦较为科学的解释是,"睡眠时局部大脑皮质还没有完全停止活动而引起的脑中的表象活动"。如此说来,梦境根本不能反应人的财运、仕途、凶吉,以及任何未来状况。

——我更相信,"日有所思,夜有所梦"。

当天才遇到名师

有些文章中把德国化学家凯库勒说成是"一梦成功"的科学家,这只能说是戏说,他的成功可不是仅仅靠做过一个梦。不过,他在梦境里发现奇迹确是一则趣闻。先一起来看看他的档案吧:

全名:弗里德利希·凯库勒

生日:1829 年 9 月 7 日

出生地:德国达姆施塔特市

毕业院校:吉森大学

个人简历:

1851 年,毕业于吉森大学,同年自费去法国巴黎留学。

1852 年,获得化学博士学位。

1855 年,在海德堡以副教授的身份私人开课。

1857~1858 年,提出了有机物分子中碳原子为四价,而且可以互相结合成碳链的思想,为现代结构理论奠定了基础。

1865 年,发表论文《论芳香族化合物的结构》,第一次提出了苯的环状结构理论。

1866 年,画出了苯的单、双键空间模型,与现代结构式完全等价。

1867～1869 年,发表了有关原子立体排列的思想,首次把原子价的概念从平面推向三维空间。

1875 年,当选为英国皇家学会会员。

1877 年,任波恩大学校长。

1895 年,担任根特大学的化学教师。

1896 年,因感染流行疾病,于 6 月 13 日逝世,享年六十七岁。

像种子需要经历发芽、生茎、长叶、开花等多方磨炼才能绽放美丽的花朵一样,成功不可能一蹴而就。中学时的凯库勒,就已经非常了不起了。懂四门外语的他,从小热爱建筑,立志长大以后要当一名优秀的建筑大师。在作文课上,他能拿着白纸"读"出即兴之作,结构精巧、文采飞扬,博得老师和同学们一阵热烈的掌声。

十八岁时他以优异的成绩考入吉森大学。这是当时德意志联邦最为著名的一所大学,校园美丽、学风淳朴。更为骄傲的是,这所大学还拥有一批知名度极高的教授,并且允许学生不受专业限制地选择他们喜爱的教授。正因为如此,凯库勒这位天才被化学的魅力吸引了过去。

他中学的理想是当一名优秀的建筑大师。不仅如此,在他上大学前,还为达姆施塔特设计了三所房子。初露锋芒的他深信自己有建筑的天赋,进入吉森大学时毫不犹豫地选择了建筑学专业,并以惊人的速度修完了几何学、数学、制图和绘画等十几门课程。他的目标就是成为建筑大师。

就在凯库勒踌躇满志地准备成为建筑大师的时候,与一个人的一次偶然接触,使他改变了发展的方向。有这么大吸引力的人是当时有名的利比希教授。再一起来看看他的档案:

全名:尤斯图斯·冯·利比希

生日:1803 年 5 月 12 日

出生地:达姆施塔特市

毕业院校：波恩大学

个人简历：

1820 年，毕业于波恩大学。

1822 年，进入巴黎埃尔兰根大学，并取得博士学位。

1824 年，完成了一系列雷酸化合物的研究，回到德国任吉森大学化学教授。并创立吉森实验室。

1840 年，当选为英国皇家学会会员。

1842 年，荣誉当选为法兰西科学院院士。

1852 年，任慕尼黑大学教授。

1860 年，被选为巴伐利亚科学院院长，还曾被选为德、法、英、俄、瑞典等国家科学院的院士或名誉院士。

1873 年 4 月 18 日，病逝于德国的慕尼黑，享年七十岁。

利比希最重要的贡献在于农业和生物化学方面。他创立了有机化学，因此也被称为"有机化学之父"。作为大学教授，他发明了现代面向实验室的教学方法。因为这一创新，他被誉为历史上最伟大的化学教育家之一。他还发现了氮对于植物营养的重要性，因此也被称为"肥料工业之父"。

凯库勒早就听说过这位利比希教授的大名，他在吉森大学的同学们也多次劝说他去听听这位教授的化学课；但他起初对化学毫无兴趣，心里全都是成为建筑大师的梦想，因此不愿将时间花费在别处，对这位教授的了解也仅限于道听途说而已。

正在凯库勒准备扬起理想的风帆时，他偶然旁听了一场法庭案件审理，见到了大名鼎鼎的利比希教授。那是当时轰动全市的赫尔利茨伯爵夫人案，因为伯爵夫人的宅邸正好在他家对面，他被传到法庭做见证人。

法庭上，本案的真正判决者利比希教授手里拿着一枚戒指。这枚价值连城的宝石戒指上，镶着一黄一白两条缠在一起的金属蛇，看上去精美绝伦。利比希教授测定了金属的成分,然后缓缓地站起身来,用一种平和而坚定的语气说:"白色蛇是金属铂,即所谓的'白金'制成的。现在伯爵夫人侍仆的罪行是很明显了,因为白金从 1819 年起,才用于首饰行业中,而他却硬说这个戒指 1805 年就到了他手中。"

清晰的逻辑分析,确凿的实验结论,使罪犯最终供认了盗窃戒指的事实。这场论述强烈地震撼着凯库勒,于是他开始去听利比希教授的化学课。课堂上,利比希教授那轻松的神态、幽默的语言、广博的知识把凯库勒带入一个全新的世界,这个世界像梦幻一般美丽,强烈地吸引着凯库勒。凯库勒经常去听利比希的化学课,渐渐地对化学研究着了魔。他打算放弃建筑学转而钻研化学,即使遭到亲人们的反对,仍坚信自己未来的前途是从事化学研究。

——化学真是一个迷人的梦,它就这样把一个建筑天才给吸引过来了!

有机的混沌初开

亲人们的坚决反对,迫使凯库勒转入达姆施塔特市的高等工艺学校求学。进入工艺学校不久,他就在化学教师的指导下进行分析化学实验,熟练地掌握了许多种分析方法。亲人们看到凯库勒不放弃化学的决心后,只好同意他重返吉森大学继续学习。1849 年秋天,他回到了利比希实验室,继续他喜欢的化学研究。

1851 年,凯库勒在叔父的支助下,自费去法国巴黎留学。由于经济上紧张,他在巴黎只能维持很低的生活水平。在那里他有幸聆听了著名法国有机化学家日拉尔讲授的化学哲学课,还向日拉尔提出了一些相当重要的问题。随后,凯库勒根据他研究硫酸氢戊酯的成果写作了他的第一篇化学论文。这篇学术论文得到了许多专家学者的很高评价。1852 年 6 月,凯库勒获得了化学博士学位,完成了他华丽的转行。

从巴黎回国后,经利比希介绍,凯库勒相继到多家私人实验室工作。他主要分析各种药物制剂,并研究从天然物(主要是植物)中制取各种新药的方法。尽管工作单调辛苦,但只要一闲下来,他就会和同事们讨论那些有争议的化学问题,如"原子价""原子量""分子"等。

凯库勒对原子价特别关注。他总在思考,硫和氧的价态。他设想,既然它们的价态是一样的,都是二价的,那么能不能把含氧化合物中的氧换成硫呢? 不久他的想法果然得到了实验验证,由此凯库勒对自己认定的原子价概念更有信心了,将其作为新理论的基础。

原子价现在称化合价,在当时的有机化学领域里,是指一个原子(或原子团)与其他原子(或原子团)化合时显示出的成键能力,数值上等于该原子(或原子团)可能结合的氢原子或氯原子的数目。它代表了一种原子在与其他原子结合成化合物时,所显示出的个数比关系,也称为元素生成化合物时表现出来的性质。

关于原子价理论,凯库勒做过专门研究,曾发表了《关于多原子基团的理论》一文,其中对弗兰克兰等人的相关研究结果进行了概括总结,提出了一些基本原理。他认为一种元素的原子究竟会以何种形式与另一种元素的原子相结合,取决于这两种原子之间亲和力的大小,而这种亲和力的具体数值就是原子价。

凯库勒还指出在所有的化学元素中,碳是最特殊的。在有机化合物中碳是四价的,因为它能与四个氢原子或氯原子结合而形成甲烷(CH_4)或四氯化碳(CCl_4);而且还能生成别的碳氢化合物。更有趣的是,有些物质里还会有多个碳原子彼此链接形式,因为有些反应是由几个分子直接化合成一个分子的。不过,当时他只能这样推测,还没能找到它们真正的链接方式。

1855 年,凯库勒离开英国,先后访问了柏林、吉森、哥廷根和海德堡等城市的一些大学,但都没能找到一份合适他的工作。于是,他决定在海德堡以副教授的身份私人开课。这得到了本生灯的发明者,海德堡大学化学教授罗伯特·威廉·本生的支持。

　　起初来听课的人很少,但很快就座无虚席了,而且预约到他的实验室来工作的实习生也日益增多。这使得凯库勒有了一笔可观的收入。他一边讲课,一边带实习生做实验,并用所有空闲时间继续在伦敦就开始的有机物类型论和原子价的研究。

　　当时正是有机化学成为化学主流的时期,凯库勒开设的有机化学课程吸引了不少对有机化学感兴趣的大学生,以至于座无虚席。那时有机化学以前所未有的速度向前发展着,化学家们发现了大量有机化合物,并人工合成了许多罕见的有机化合物。维勒和利比希基团理论的提出,法国化学家日拉尔类型论的建立等,大大丰富了有机化学知识;但此时的有机化学研究不像有道尔顿原子论所指导的无机化学那样有序,如为了描述醋酸的结构,人们竟然使用了十九种表达方式。由于还没有确立分子的概念,有机化学界一片混乱。

　　凯库勒感到传统的教材已经过时,应该重新编写一本关于有机化学的新教科书以适应教学的需要。在收集资料的过程中,他深深地感到一定得想办法解决有机化学界的这些混乱。1859 年秋他来到卡尔斯鲁厄,和当时的化学权威们商讨关于召开世界化学家会议的问题。会议的主要内容,就是解决化学家们在原子价、元素符号、原子和分子概念等方面的不同意见。

　　1860 年 9 月 3 日,第一届世界化学家大会在卡尔斯鲁厄召开,大会集中了当时化学界的前辈名宿和青年才俊,包括本生、凯库勒、迈耶尔、拜耳、杜马、伍兹、齐宁、门捷列夫、斯塔斯、欧德林、康尼查罗等,来自十几个国家的约一百五十位化学家。

　　可是这次会议讨论的基本上都是些无机化学的问题,最后解决了原子-分子论的问题。凯库勒对此有点失落,觉得人们没有像关心无机化学那样关心有机化学。也许,有机化学真的像维勒所说的那样是一片狰狞、可怕的原始森林,让大家没有涉足有机领域的勇气。不过,他却忘记了,解决了原子-分子问题,其实也就是为有机化学的结构研究扫清了一个障碍。

已任教于根特大学的凯库勒集中研究了碳链这一有机化合物的主干问题。他通过对醋酸的氯化来研究碳链的结构。醋酸的氯化,是将冰醋酸和液氯在一定条件下发生反应,生成氯乙酸。反应后,凯库勒发现碳原子的个数、连接方式都没有发生改变,酸性也没有变。从而认识到碳链在化学反应中是不变的,它们牢固而稳定。

紧接着,他又用琥珀酸、富马酸及顺丁烯二酸等有机化合物,进行了一系列类似的实验研究,来验证他理解的这种牢固的碳链。他把这些原子想象成一个个极小的球,每当他闭上眼睛时,就仿佛能清晰地看到这些小球,它们相互接近,彼此化合在一起,相互排列有序。

不久,凯库勒表述了他对碳链的见解,还提出了有机化合物的结构理论。他觉得有机物是以碳的四价为核心,彼此连接后,再与其他原子或原子团进行化合的。从而建立起碳链结构理论,随后发展成了经典的有机化合物结构理论。

梦 幻 之 环

1861年,凯库勒编著出版了《有机化学教程》。没过几年,他迎来了丧妻之痛。亲朋好友的劝慰都未能使他摆脱痛苦,唯有紧张的研究工作能使他暂时忘却不幸。他开始集中精力研究起苯及其衍生物。

十九世纪初,欧洲许多城市普遍使用煤气照明。煤气制备过程中剩下的一种液体煤焦油,引起了英国科学家迈克尔·法拉第的兴趣。他用蒸馏法分离煤焦油得到一种液体,并将其称为"氢的重碳化合物"。之后德国科学家艾尔哈特·米采利希通过蒸馏苯甲酸和石灰的混合物,得到了与法拉第所制液体相同的一种液体,并正式命名为苯。

有机化学中的正确分子概念和原子价概念建立之后,法国化学家日拉尔等人又确定了苯的相对分子质量为78,分子式为 C_6H_6。苯分子中碳的相对含量如此之高,使化学家们都感到惊讶,确定它的结构式成为一个难题。苯的碳氢比值如此之大,表明苯是高度不饱和的化合物。但它又不具有典型的不饱和化合物应该具有的易发生加成反应的性质。这是怎么回事呢?

——太多专业名词,听不大懂了!

世界上组成物质种类最多的元素是碳。狭义上的有机化合物,主要是由碳元素、氢元素组成的。有机化合物一定是含碳的化合物,但不包括碳的氧化物(一氧化碳、二氧化碳)、碳酸、碳酸盐、氰化物、金属碳化物、部分简单含碳化合物(如碳化硅)等物质,因为它们的性质更像无机物。

有机化合物的种类大约有几千万种,大大多于目前发现的数十万种无机物。平时印象里硬邦邦的碳,为什么能形成这么多种类的物质呢?凯库勒通过实验发现,这是因为碳原子形成有机化合物的时候,总是显示四价,而且不容易失去或得到电子形成阳离子或阴离子;于是碳原子只好通过共用电子对的形式与氢、氧、氮、硫、磷等多种非金属原子形成共价化合物,也包括和碳原子本身形成的这种链接。

碳原子之间的成键方式也非常的丰富。从种类上说,碳原子间不仅可以形成稳定的单键,还可以形成相对比较活泼的双键或三键。从形式上说,多个碳原子之间可以结合成长短不一的碳链;碳链上还可以带有支链,像树杈一样;还能彼此首尾连接,结合成碳环;碳链和碳环也能再次相互结合。因此,即使有机物含有的元素种类相同,每种元素原子数目也相同,它们也不一定是同一种化合物,因为这些原子之间可能有多种不同的结合方式,形成具有不同结构的分子。这就是有机化学中的同分异构体现象。

碳原子间多种形式的连接方式,促成了有机化合物世界的五彩斑斓。这种仿佛能够自由拼装的结构,深深吸引着凯库勒,他好像看到了当初绘制的房屋图纸。这让他产生了进一步去了解有机物内部结构的欲望。

有机化合物中的碳原子是四价的,它要不多不少生成四个连接,化合物才能稳定存在。当碳原子与另一个碳原子以单键连接以后,就相当于用掉了一个连接;如果碳之间形成的是个双键,就相当于用掉了两个连接……碳氢化合物中的氢原子相当于一种补充,或者是像个填空的小兄弟,把没有连接的剩余位置填满。

这样一来,如果碳与碳的连接方式确定了,碳氢化合物中氢原子的个数也就确定了;反之,碳原子和氢原子的个数确定了,就能推论出碳与碳的连接方式,形成我们所说的有机化合物的通式。人们把碳链全部为单键连接时的状态称为饱和的,就像是碳的所有链接都填满了一样,不能再往上面添加其他原子的状态。当碳链有双键和三键时,还能够继续添加其他原子进去,所以也被称为不饱和的。

但是人们发现,就算知道了碳原子和氢原子的个数,好像还是不能确定碳氢化合物的结构。因为组成原子的个数越多,原子的排列形式可能就越多。就拿苯分子来说,它由六个碳原子和六个氢原子组成,起码可以有五种碳链排列形式:

$$H-C\equiv C-C=C-C=C-H$$

$$H-C=C-C\equiv C-C=C-H$$

$$H-C\equiv C-C=C-C\equiv C-H$$

$$H-C=C-C\equiv C-C=C-H$$

$$H-C\equiv C-C-C-C\equiv C-H$$

溴-CCl_4溶液褪色实验是检验有机物中是否含有碳碳双键和三键

最简单而且有效的方法。如果有机物中含有双键或三键这样的不饱和键，就能使橙色的溴-CCl_4溶液褪色；而向苯中加入溴-CCl_4溶液后，怎么振荡怎么混合，溶液还是橙色的，一点变化也没有。也就是说，苯分子中根本就没有双键或者三键这样的不饱和键，这就把以上这五种组合都排除掉了。

可如果苯是饱和的有机物，氢原子数目怎么会这么少呢？按单键连接的方式来算，六个碳原子以单键连接成碳链，达到饱和时最少要十四个氢原子；就算不是碳链，形成碳环也要十二个氢原子。但是现在只有六个氢原子，这个数目相对饱和状态来说，也实在是太少了。当时的科学家们百思不得其解。

凯库勒被苯分子的结构所困扰，他甚至想出了几十种苯分子的结构，但自己又都一一否定了。他在分析了大量的实验之后认为，苯是一个很稳定的"核"，六个碳原子之间的结合非常牢固，而且排列得十分紧凑，它可以与其他碳原子相连形成其他有机化合物。于是，凯库勒集中精力研究这六个碳原子组成的"核"。

1864 年的一个冬天，一个科学灵感导致他获得了重大的突破。他为此曾记载道：我坐下来写我的教科书，但工作没有进展，我的思想开小差了；我把椅子转向炉火，打起了瞌睡，原子又在我眼前跳跃起来，这时较小的基团谦逊地退到后面；我的思想因这类幻觉的不断出现变得更敏锐，能分辨出多种形状的大结构，也能分辨出有时紧密地靠近在一起的长分子，它围绕、旋转，像蛇一样地动着；看！那是什么？有一条蛇咬住了自己的尾巴，这个形状虚幻地在我的眼前旋转着；像是电光一闪，我醒了，花了一夜时间完成这个假设。

一个梦，一个奇幻的梦，告诉了凯库勒苯分子的结构。有人说凯库勒梦见的那条蛇，可能是伯爵夫人那枚宝石戒指上的，那两条不同颜色的蛇相互缠绕，围成了一圈……然后就成就了有名的"凯库勒

式"。凯库勒先以 ⬡ 来表述苯的结构。1866 年他又提出了

$$\begin{array}{c} \text{H} \quad \text{H} \\ | \quad | \\ \text{C}=\text{C} \\ \text{H}-\text{C} \qquad \text{C}-\text{H} \\ \text{C}=\text{C} \\ | \quad | \\ \text{H} \quad \text{H} \end{array}$$,最后简化成 ⬡ ,也就是我们现在所说的凯

库勒式。

　　凯库勒的梦中发现只是一则趣闻,围绕着这个梦的工作却是实实在在的。这或许也可以理解为凯库勒日有所思,才会夜有所梦。他画出的苯分子结构,不是链状的,而是环状的,每个碳原子上都只连了一个氢原子,六个碳原子之间再形成有间隔的三个双键。这样刚好能满足测出的苯分子式 C_6H_6。

　　在凯库勒的论文中,还以确定苯的结构式为中心,列举了当时已知的许多有机化合物的结构式,让人们更进一步了解到了这些化合物的结构和性质。凯库勒关于苯的六个氢原子都是等同的这一假设,被后人一步一步地证实。不仅如此,由于后续的研究结果,人们又将苯的凯库勒结构式扩展到萘($C_{10}H_8$)、吡啶(C_5H_5N)和喹啉(C_9H_7N)等物质。这就使得凯库勒所写的结构式的基础越来越巩固了。

　　——但是,性质这一关怎么过呢?

　　如果苯分子含有三个双键的话,为什么不能让溴-CCl_4溶液褪色呢?这只能说苯并不具备含有碳碳双键的类似性质。后来人们通过更为先进的仪器测量,发现苯分子是一个正六边形结构,每两个碳原子之间的距离都是一样的,也就是说六个碳原子之间的结合能力是一样的,它们是六个完全等同的键。正确的形状和表达式应该是

⬡ ，而不是凯库勒式。

因为苯分子中没有真正的碳碳双键，所以当然就不会让溴-CCl_4溶液或者酸性高锰酸钾溶液褪色了。但尽管如此，人们还是继续使用凯库勒式。人们发现凯库勒式虽然不能体现出苯分子的实际化学性质，但是它却能够形象地表示出苯分子中碳原子的成键特点。在这个式子中，每一个碳原子都是以四价的形式进行着连接，计算起碳原子的化学键时，也能一目了然了。

凯库勒的梦成为讲解苯分子结构的一则趣闻，而他提出苯环结构假设的实际工作是在梦外完成的。这既要归功于他早年受到的建筑方面的训练，使他具有了一定的形象思维能力，也要归功于他善于运用模型方法，把化合物的性能与其结构有机联系起来。对此，凯库勒说：我们应该会做梦！……那么我们就可以发现真理，……但不要在清醒的理智检验之前，就宣布我们的梦。

凯库勒"一梦成名"并发展了有机化学的结构理论，成为一段佳话；但现实中想要梦想成真可不是件简单的事。从凯库勒的经历我们就能知道，要实现梦想，首先要有梦，也就是人们常说的树立理想，或者确定奋斗目标；其次要敢于为梦而做出努力；最后要不怕失误，追求真理，不忘初心，继续前进！

——梦想成真的前提是像凯库勒那样为梦而行的努力！

第十章
用扑克牌缔造出周期王国的人

　　会打扑克吗？争上游、拖拉机、斗地主……找个风和日丽的下午，草坪上一坐，三四个人围在一起，说着话儿就开始了。边打还要边讨论怎么出牌能更容易赢，即能消磨时间，又能增进友谊，据说还能看出打牌人的性情，不知道是不是真的，反正我是比较笨的一个人。

　　必须得承认，我不是个玩扑克的好手，记不住太多的牌，也没什么套路；等打完了，被数落得晕头转向的时候，也还是搞不明白哪里出错了。在上学的时候，每逢玩需要组队的扑克牌游戏时，都没人愿意跟我一队。因为和我一队的，一般都会输得很惨，或者会很费脑细胞，既要揣摩对手的牌，又要揣摩我手里的牌，即便估算出我手上的牌了，还要分析我会怎么出。因此，扑克对我来说一点也不好玩儿，但我很佩服会玩的人，特别是今天要说的这位，居然玩出了新花样，缔造出了一个周期王国。

　　——快点让我们来看看他是谁？

打好人生第一手牌

先来看看他的档案吧：

全名：德米特里·伊万诺维奇·门捷列夫

生日：1834 年 2 月 8 日

星座：水瓶座

国籍：俄罗斯

出生地：西伯利亚托博尔斯克

毕业院校：彼得堡大学

主要成就：发明元素周期表

代表作品：《化学原理》

个人简历：

1834 年 2 月 8 日，生于西伯利亚托博尔斯克。

1848 年,入彼得堡专科学校。

1850 年,入彼得堡师范学院学习化学。

1855 年,取得教师资格,并获金质奖章,毕业后任教德萨中学教师。

1856 年,获化学高等学位。

1857 年,首次取得大学职位,任彼得堡大学副教授。

1859 年,到德国海德堡大学深造。

1860 年,参加了在卡尔斯鲁厄召开的国际化学家代表大会。

1861 年,回彼得堡从事科学著述工作。

1863 年,任工艺学院教授。

1864 年,门捷列夫任技术专科学校化学教授。

1865 年,获化学博士学位。

1866 年,任彼得堡大学普通化学教授。

1867 年,任化学教研室主任。

1893 年,起任度量衡局局长。

1890 年,当选为英国皇家学会外国会员。

1907 年 2 月 2 日,因心肌梗死在彼得堡与世长辞,享年七十三岁。

门捷列夫说过很多著名的格言,最适合本书的应该是:科学不但能给青年人以知识,给老年人以快乐,还能使人习惯于劳动和追求真理,能为人民创造真正的精神财富和物质财富,能创造出没有它就不能获得的东西。

为了纪念这位伟大的科学家,1955 年人们将一种人工合成的新元素以"门捷列夫"的名字命名,称为"钔"。

——哇,他一定是起到好牌了吧?

才不是呢!童年的门捷列夫真不能算是起到了好牌。

1834 年 2 月 8 日,门捷列夫诞生在俄罗斯西伯利亚托博尔斯克市一个普通知识分子家庭,是家里的第十四个孩子。虽然门捷列夫的父亲是位才华出众的人物,但小门捷列夫出生才几个月,他就因患眼疾不得不退休回家。失去了家中主要的经济来源,背负重担的母亲,将全家搬到了距离托博尔斯克小城几十里外的阿里姆江卡村,开始经营一家小小的玻璃厂。

母亲的刚强和干练影响着幼小的门捷列夫,而玻璃制造工艺过程,则成了这个少年接受物理和化学教育的最初途径。他经常溜进工厂,观看工人们怎样熔炼石英砂加工玻璃。玻璃的制造过程深深吸引着幼小的门捷列夫。他渐渐长大,进入托博尔斯克中学读书,并表现出卓越的理解力和记忆力,学习成绩日渐优异。

不幸的是,父亲和大姐先后病故,一年后玻璃厂遭遇火灾倒闭,家庭变得支离破碎。在家人的支持下,门捷列夫以超人的毅力,坚持读完了八年制的中学课程。由于学区的限制,他无法报考莫斯科、彼得堡的高等学院,最后在亡父昔日同学的争取下,破格考入彼得堡师范学院物理数学系(破格是因为当年师范学院并不招生)。门捷列夫入校后,为他上学不辞辛劳辗转多地的母亲与世长辞,继而长伴他的姐姐也病逝了。十七岁的他一下子成了孤家寡人,学校变成了他的家。不久他自己也病了,被查出患有很难治的肺炎。

——这"牌"差点儿就没法继续下去了。

真的难以想象,在他那个年龄该怎么样熬过那些不眠之夜。可再差的"牌"也要努力玩下去呀!还好,师范生有政府津贴对其住宿进行补助,并可免交学杂费、膳宿费,门捷列夫的生活勉强能够维持。

学校里,在学习方面给予他最大帮助的化学教授伏斯克列森斯基,激励病中的门捷列夫努力奋斗。1854 年,不满二十一岁的门捷列夫在伏斯克列森斯基教授的指导下,带病完成了一篇研究矿石化学成分的论文《芬兰褐帘石的化学分析》。伏斯克列森斯基教授读后,大为赞赏,在上面写下了这样的评语:这一分析做得很出色! 值得登在俄罗斯矿物学会的会刊上。论文发表后，门捷列夫异常兴奋，兴奋中完成了第二篇有关分析矿石成分的论文。不久，又开始研究同晶现象，为自己的毕业论文做准备。次年完成毕业论文《论同晶现象与结晶形状及其组成的关系》。

一个普通学校的大学生，读书期间竟然在与病魔做斗争的同时取得了如此辉煌的研究成果。后来，他对他当时的描述是："师范学院要求提出自己的毕业论文题目时，我选择了同晶现象。我觉得这个题目在自然科学发展史上有重大意义。写这篇论文，使我对化学研究工作产生了更加浓厚的兴趣，论文本身也因此包含了更多的内容。"或许，正是这种对科研的兴趣，让他有了精神寄托，帮他战胜了病魔。

1855 年，他以第一名的优异成绩，毕业于彼得堡师范学院，并且荣膺了一枚金质奖章。一位教授在毕业典礼后特地给院长写了一封推荐信，极力推崇他的才能，并指出他在化学上很有进一步深造的必要，希望能让他留校任教……

——这"牌"打得，让人不服不行。

化学的迷宫

医生认为彼得堡的气候对门捷列夫的肺病非常不利，于是校方不得不让应该留校任教的他去南方某个中学任教。本来他可以到科研条件更好的敖德萨，却因为沙皇统治的国民教育部"失误"，不得不前往既没有学术研究会，也没有藏书馆的辛菲罗波尔。这里离塞瓦斯托波尔不远，不久就受到克里米亚战争的波及，学校停课，物价飞涨。

门捷列夫的苦闷和无所事事影响了他的健康，但是他从回忆中猛醒过来："不能消极对待人生。"于是他开始积极寻医治病。终于，一位高明的医生治好了他的"肺病"，其实那只是一种并不危险的心瓣膜病，偶尔的咯血，也不过是喉头出血症罢了。这使他在精神上获得了巨大的能量，原来他是完全可以在彼得堡寒冷的气候下生活的，或许各种地方都行。

在南方，门捷列夫虽然在科研上基本处于停滞状态，但是却意外治好了身体上的疾病，不能不说这也是一种幸运。

战乱使辛菲罗波尔越来越不适合工作和生活，门捷列夫只好到了敖德萨，凭着大学毕业的资历和成绩，在一所中学任数学、物理和自然科学教师。一面教书，一面准备报考科学硕士学位的论文《论比容》。

这篇论文不仅显示了门捷列夫惊人的总结能力和广博的化学知识，而且还指出了根据比容进行化合物的自然分组的途径，为他后来的工作做了些铺垫。

1856 年 5 月，门捷列夫获得了三个月的假期。他立即动身到彼得堡参加硕士考试。在彼得堡大学，他所有的考试科目都获得了最高的成绩，但由于论文《论比容》没有印出来，答辩不能如期进行。于是在导师伏斯克列森斯基的帮助下，他留在彼得堡大学，并提前工作了几个月，直到秋天，出色地完成论文答辩，成功地提交应试报告《硅酸盐化合物的结构》，以出色的工作使彼得堡大学校委会一致同意授予他物理和化学硕士学位，并成为彼得堡大学的一名副教授。

1857 年初，这位当年被彼得堡大学拒之门外的外省中学生，如今竟成为风华正茂的物理和化学硕士。

——"牌"局在他的不懈努力下渐渐顺起来了！

事实上，当了副教授的门捷列夫，并没有得到他想要的生活。彼得堡大学虽说是当时俄罗斯的"最高学府"，但是由于沙皇政府不重视科学研究，其实验条件非常糟糕，实验经费也比较紧张，经常写一篇论文花了很长时间，却只能得到很少的稿费。他的收入微薄，副教授的薪金有时也不能按时领取。于是，他不得不决定离开心爱的彼得堡大学，出国留学，以深入进行自己的研究工作。

1859 年初,门捷列夫终于拿到了教育部的一封信,同意他出国去"在科学方面进行深造"。他来到普鲁士的海德堡大学,在本生的实验室里得到一个职位。在那里,他不停地做着实验,还利用童年在玻璃工厂获得的知识,研究设计出了后来被人们称为"门捷列夫比重瓶"的玻璃容器,用于精确测量液体的比重,并获得了广泛的应用。

这段时间里,门捷列夫生活得很开心,科研效率也非常高。他巧妙地利用了液体的毛细管现象,测定液体的密度。他在海德堡写的第一篇论文《论液体的毛细管现象》中指出:液体密度与毛细管中液体高度之乘积,可以作为测量内聚力大小的尺度。后来他又写了两篇新的论文《论液体的膨胀》和《论同种液体的绝对沸点温度》,并参加了在卡尔斯鲁厄市举行的第一次化学国际会议,大大开阔了学术视野。在这次会议上大家统一了化学元素的名称,还对原子、分子、化合价和原子量等许多化学概念进行了讨论,取得了比较一致的意见。人们找到的元素种类也越来越多了。

到期回国后的门捷列夫继续从事着他热爱的研究,并在三个月的时间里完成了长达四百多页的《有机化学》教材的编著。在这本书里,他阐明了某些化合物的性质及形成过程,还论证了一系列元素原子量的变化,强调了元素极其重要的化合价属性,为后来对元素周期律的探索打下了一些基础。该书的出版,让年仅二十八岁的门捷列夫赢得了很高的声誉。

面对俄罗斯落后的科研,门捷列夫认为首先应该及早注意培养自己的柏拉图和牛顿,于是他努力从事教学工作。他的一位学生曾经写道:"凡是听过门捷列夫讲课或报告的人,都清楚地记得当时听众的那种异常情绪……讲课的内容经常涉及力学、物理学、天文学、天体物理学、宇宙起源论、气象学、地质学、动植物学、生理学和农业学等各个方面,同时也涉及各门技术科学,包括航空学和炮兵学。"还有学生描绘说："欢呼声和掌声像春雷一般震天撼地。这简直是一场暴雨,一阵狂风。全体同学都高声欢呼,欣喜若狂,尽情表达自己的颂扬和热忱……只要看到这种欢迎门捷列夫走进教室时的热烈场面,就会体会到他是一位伟大的科学家和伟大的教育家。他影响了许多人,并激发了所有接触过他的人的智慧之光。"

人生的"牌",能打到如此地步,可以说是完胜了;但门捷列夫依旧没有丝毫停滞,他又进入了新的科研领域,开始了更大的"牌局"。

1865 年,门捷列夫顺利通过博士论文答辩,获得博士学位,随后被任命为彼得堡大学化学工程学教授,开始讲授无机化学课程。为了讲授好这门课程,他翻遍了所有的无机化学课本,阅读了许多当时知名化学家的著作,整日埋头在书刊里,勤勤恳恳地准备讲义。他发现现有的一两本用俄文编写的无机化学教科书,内容陈旧落后,使用不便;外文版的无机化学教科书,同样也不适用于现实中的教学。

门捷列夫打算自己编写一本新的无机化学教科书。可是很奇怪,他对于这门科学虽然貌似早已十分熟悉,但越是深入研究,却越发感到糊涂。他七年前编写《有机化学》时,分门别类、有条不紊,颇为得心应手;而现在编写无机《化学原理》却显得枝蔓错综、杂乱无章,就好像有无数棵需要描述的树,每一棵都不一样。

当时,人们已经发现了六十三种元素,每一种元素都会和其他物质发生反应,然后变化成几十、几百甚至几千种化合物:氧化物、酸、碱、盐……化合物里又有气体、液体、晶体……各有各的性质,几乎无法找到完全相同的两种物质。组成大千世界的物质可是有成千上万种之多,要都这样一一讲解,可怎么讲啊?!

当时大多数人认为,每种元素和它所具有的一切特殊性质,是物质的偶然表现,至少在它们大多数之间并没有什么"亲缘"关系。于是,人们基本上都按着自己认为最方便的顺序来讲,通常从氧讲起,因为氧元素在自然界分布最广;也有人从氢元素开始,因为它的分量最轻;还有人从铁,从金……不管怎样,都有他们各自的理由。但这些物质和它们的性质之间看不出什么内在的联系,更谈不上系统性,难道组成这个世界的它们当真是漫无秩序地堆砌在一起的吗?门捷列夫苦思冥想,竟一时找不出合理的逻辑,仿佛走进了化学的"迷宫"。

——这个"牌"太不好玩儿了,接下来该怎么好呢?

破解迷局的牌阵

门捷列夫不愿意随意讲授无机化学,他确信如果"只是单纯地搜集事实——即使是极广泛地搜集事实——这样的方法也是不能获得成就的,甚至没有权利称为科学。科学的大厦不仅需要材料,而且需要计划,需要协调,需要劳动。"在他看来,自然界中的现象并不会这般杂乱无章,只可能是人们对这些物质的认识得还不够充分。他不希望总在这座"迷宫"里盲目地漫步,决心寻找一条规律,一个所有元素都服从的自然秩序。

事实上,在他之前,也有一些科学家进行过或正在进行着这方面的工作,并且或多或少地取得了一些成就。1789 年法国化学家拉瓦锡尝试过把当时已知的化学"元素"分成气体、金属、非金属和土质四大类;然而这样的分类显然没有揭示出事物的本质。1815 年英国医生普劳特提出了非常大胆的"氢原子构成论",一定程度上触及到了元素的本质;但是他的观点没有得到人们的认可,被认为是一种臆造。

1829 年德国化学家德贝莱尔做了化学元素自然分类的首次尝试。他把每三个性质相似的元素归成了一组,列出了"三素组表",并且特别指出了"三素组规则";但随着新发现的元素越来越多,"三素组"模式显得越来越不够用了。1864 年德国化学家迈尔在德贝莱尔"三素组"的基础上,制定出了按照原子量的大小为先后顺序排列的

"六元素表"。而后又有了法国地质学家尚古多提出的"螺旋图"和英国化学家纽兰兹提出的"八音律表"。

这些科学家的研究，都差一点儿就要摸到这些元素之间的内在规律了，但还是没能找到"迷宫"的真正出口，看来要想走出这座化学"迷宫"谈何容易。

面对着前人的点滴成果，面对着几十种化学元素，门捷列夫苦苦思索着。为什么有些元素会有相似的化学性质？这肯定不会是偶然的。门捷列夫认为，一定有某种内在的因素，既决定着它们之间的类似，也决定了它们之间的差别。这个内在的因素究竟是什么，也许是颜色？可是，同一种元素组成的物质就可能有多种颜色，如磷有白磷、黄磷、红磷。甚至同一种物质在不同状态下也会有不同的颜色，如把黄金打成极薄的箔，它居然还会变成蓝绿色，并像云母那样透明。颜色如此不稳定，肯定不是颜色。同样，元素的导热性、导电性、磁性及许多性质好像都不太适用。

最起码应该有一种更根本、更稳定的特征来作为这个内在的因素；但这个特征是什么呢？门捷列夫最后觉得还是原子量比较符合这个特征的要求，每一种化学元素都有它自己独特的原子量，一般情况下它是不会变的，或许这就是元素的"身份证"。而且当时的研究，还认为原子量能决定着组成每一种元素的最简单微粒——原子的大小。门捷列夫通过仔细比较，终于想到了，根据这一重要特征或许就能摸索出使元素具有有相似性和不相似性之分的规律。只要善于利用它，或许问题就会迎刃而解。

——出"牌"的策略好像有点眉目了。

门捷列夫找到了每种元素的"身份证"——原子量，但还是没能发现它们之间的关系。于是他开始了艰难的"牌阵"之旅。

他在一卷厚纸上画出格子，再把它们剪开，制作成一样大小的卡片。每一张卡片上他分别写上一种元素的名称、原子量、化合物和主要性质，制作成该元素的"身份证"。然后把它们分成几类，摆放在大桌子上，看着它们进入梦乡。翌日，再把它们重新整理一番，将它们分成几组，或者排成几个竖行，再或者排成几个横排，然后再陷入沉思。

那段时间，门捷列夫每天做的事儿，就是手拿写有元素"身份证"的卡片，收起、摆开，再收起、再摆开……他真的对研究这副特殊的"牌"上瘾了！家人们看到一向珍惜时间的教授突然热衷于摆起了"牌阵"，都感到非常奇怪。

1869 年 2 月的一天，门捷列夫在桌子上摆着、摆着"牌阵"，突然像触电一样地站了起来。在他面前出现了前所未有的现象：每一行元素的性质都按照原子量的增大而逐渐变化着，任何一种元素的性质、与其他物质的化合能力，以及它所有化合物的性质，似乎都是由它在这个行所占的位置来决定的；而这些排列好了的元素，又会自动形成一些互相类似的组，或同类性质的族。就好像门捷列夫一声号令，各元素按照原子量的大小排好了队，接受他的检阅。

这时，门捷列夫发现，当队伍排好后，杂乱无章的现象消失了，眼前出现了不同的花色"牌"，这些"牌"有规律地变化着，从一变到七（当时还有一些元素没被发现），然后又不停地在继续……第一排七张；第二排也是七张；第三排、第四排……渐渐的，这些"牌"在门捷列夫眼前排成了一排一排的七人小分队，元素的性质会周期性重复。例如，原子量为 7 的锂元素，就紧跟在原子量为 1 的氢后面；钠元素也是金属，它和锂一样很活泼，易燃，很容易与别的元素化合；原子量为 40 的钾也是轻而易燃的金属。再往下每经过一个周期，就有一种性质类似的金属自动排到这一纵列里来，先是锂，接下来是钠，再后来是钾。在些元素的性质逐渐衍变，钠比锂活泼，钾又比钠活泼，而最后一个铯，在空气里简直不能露面，一旦暴露在空气里，立刻就自燃起来。

　　这样一来，乍看起来杂乱无章的物质世界，变得好像有那么一点规律了。门捷列夫从那些元素外在的多样性背后，看出了内在的一致性，于是他给这种规律取名为周期律，在 1869 年 2 月底完成手稿，并于当年 3 月 6 日的俄国化学会上公之于众。"牌阵"终于解开了，但还是有许多人怀疑，甚至把他的科学预言当成臆造和魔术。

　　"牌阵"的继续研究并不那么顺利，一开始门捷列夫就发现事情没有想得那么简单。他按照原子量把元素排列起来，但当时有几种元素的原子量并不精确，大概有十一种元素的原子量许多年后才准确测量出来。它们带着假"身份证"站在了门捷列夫的"牌阵"里，这使得他的牌阵一开始显得很乱。

　　例如，当时铍的原子量误测为 13.5，被排在了碳（12）的后面，但它的性质就明显不符合门捷列夫找出的递变规律，化合价也使得铍显得与众不同，因为排在前面的锂（＋1）、硼（＋3）、碳（＋4，－4）、铍（＋3）、氮（＋5，－3）、氟（－1）。＋1 后面少了个＋2，＋4 碳和＋5 氮中间有夹进了一个＋3 价的铍，整个队伍就有些乱套了。

　　究竟是元素的性质并不随原子量而改变，还是铍的原子量压根儿就不对？门捷列夫坚信化学元素是符合客观规律的，不因出现了若干"例外"或者说"不正常"的现象而动摇。这位勤于动脑又敢于设想的化学家猛然产生了一个念头：会不会是把铍的化合价搞错了？

　　他用铅笔把铍的化合价改成了＋2，然后重新计算原子量……结果好极了，一向沉着的门捷列夫又惊又喜，他眼前不仅元素的原子量"循序渐进"——锂（7）、铍（9.4）、硼（11）、碳（12）、氮（14）、氧（16）、氟（19），而且它们的化合价也"按部就班"了——锂（＋1）、铍（＋2）、硼（＋3）、碳（＋4，－4）、氮（＋5，－3）、氧（－2）、氟（－1）！——七个化学元素，正好构成了一个金属性由强转弱、非金属性由弱转强的完整周期。

——完美了，这手"牌"是一个"同花顺"！

接下来，钠、镁、铝、硅……排着排着，好像又出问题了。

按门捷列夫当时的排法，排在第 4 号元素硼和第 11 号元素铝（当时的排法）下面的是第 18 号元素钛，它们中间间隔了 6 个元素，看上去正好是一个完整的周期；可钛的性质显然就像是个"局外人"。"这里应该是一个未知元素站队的地方，这未知元素应该像硼和铝"，他肯定地说。于是，他在这里留下了一个空格，跳过这个空格，钛就站在了与它有些亲缘关系的碳的纵列里了。后面的元素也就不至于站错位置。

就这样，他利用这样一些空格，强迫各元素站到表中各自应站的位置上，避免了周期律的破坏。不仅如此，为了不让表中出现空白点，他还往空格里面硬塞进了几种自己臆造的元素。他为它们取名为埃卡硼、埃卡铝、埃卡硅……"埃卡"在梵语中是"一"的意思，即这些元素分别为硼加一、铝加一、硅加一……

门捷列夫根据他找到的周期性规律，居然预测出它们的性质，甚至说明了它们的形状、原子量，以及它们同别的元素化合而成的化合物。大多数科学家都觉得，他创立自然系统和预言元素，是狂妄的行为。怎么可以这样臆造元素呢？更何况还要把它们收罗到精密科学的课本里去。不可思议！

三 次 验 证

门捷列夫誊清了有史以来第一张元素周期表后，便为它起名为《根据元素的原子量及其化学近似性试排的元素系统表》。为使元素周期表更加精确和完善，他还丢下了《化学原理》一书的编写工作，集中全部精力攻克元素周期难题。

1871 年初，他又发表了一篇更有分量的论文《化学元素的周期规律性》。论文说明了化学元素周期律的意义和运用范畴。用他自己的话说:这篇论文是对元素周期性的观点和见解最好的总结,也是以后多次论述这一理论的蓝本。其附载的元素周期表,形式上与现代元素周期表已相差无几。

不过,他当时是按照原子量的大小来排列的,严格地说,元素的性质应该是随着原子核内质子的数目,即周期表内的原子序数来排列才更加科学。在门捷列夫的周期表中就出现了序数与原子量有出入的现象,如第 27 号钴的原子量是 58.9,28 号镍的却是 58.7;第 52 号碲的原子量是 127.6,53 号碘的却是 126.9。当时门捷列夫认为是这些元素的原子量测得不够准确,才导致这样的结果。

《化学元素的周期规律》所附的周期表上,门捷列夫留下了 16 个未知元素的空格,并推测其中有 5 种是超铀元素。同年,他又发表了一篇名为《元素的自然系统和应用它来指出尚未发现的元素的性质》的论文,其中详细阐述了推测这些未知元素物理性质和化学性质的方法。至此,门捷列夫对周期表的研究才算结束。但是,人们并不相信他的论断,对他的论文反响不大,甚至逐渐销声匿迹了!

安静地过了四年,就在人们几乎快要淡忘掉门捷列夫的论文时,传来一个消息。1875 年 9 月 20 日,法兰西科学院例会上,院士伍尔兹神采奕奕的宣读了他的学生列科克的发现,列科克在比利牛斯山中皮埃耳菲特矿山所产的闪锌矿中发现了一种新元素,而且是通过光谱分析法发现的,因为它有陌生的紫色光线……当他的研究成果得到科学院的肯定后,列科克建议把着这种新元素定名为镓,来纪念他的祖国(镓的拉丁文 Gallium 为法国的古名高卢)。

当这个消息传到彼得堡时,门捷列夫好像在晴天里听到春雷似的,大吃一惊。这个新找到的元素,就是门捷列夫五年前预测的埃卡铝!一切都得到了应验。连他所说的"埃卡铝是一种易挥发的物质,将来一定有人利用光谱分析术把它查出来"也得到了应验。看到自己的预言竟然如此辉煌地变成了现实,门捷列夫激动得流出了眼泪。于是他连夜给法兰西科学院写了一封快信:"镓就是我预言的埃卡铝。它的原子量接近 68,比重在 5.9 上下。请你们研究一下,再查一查……"而列科克测得的镓,原子量为 59.7,比重为 4.7,与门捷列夫推测的结果相差甚远。

列科克觉得莫名其妙,那个远在千里之外的俄罗斯理论家,连镓是什么样儿的都没有见过,居然断定我测的原子量和比重出错了?为了增强说服力,列科克又提纯了一块这种新物质,继续测定,结果还是原来的数值。可是,远在彼得堡的门捷列夫还是不相信,他固执地写信说:"不对!应该是原子量为 68,比重为 5.9,您再查一查吧,您的那块物质也许还不够纯。"列科克到底是科学家,在科学研究上没有固执己见。他把镓进一步提纯以后再测,果然发现比重有问题,应该是 5.94,后来原子量也得到了验证(现代测定的数据确实是 69.72)。

列科克也感到兴奋异常,他写信告诉门捷列夫,承认元素周期表预言的正确,并在一篇新的论文中,极其钦佩地写道:我以为没有必要再来说明门捷列夫先生这一理论的巨大意义了。科学史上第一次用确凿的事实证明了元素周期表对新元素的预言。元素周期律从此不再沉寂,门捷列夫关于元素周期表的论文,很快都被翻译成了法文、英文、德文……传遍世界各地。

元素周期表的预言,由镓的发现而得到证实,这件事在化学界,乃至整个科学界都引起了强烈的震动。人们发现可以"按图索骥"地寻找新元素,于是对元素周期表的热情迅速高涨起来。1880 年,瑞典化学家尼尔逊在一种名叫"硅钇矿"的矿中发现了一种新元素,还没有来得及着手研究它的性质,就立刻发现这就是门捷列夫周期表上另一空格——第 18 格中的"埃卡硼",也就是钪(scandium)!1886 年,又由温克勒尔发现了锗(Ge)。

经过了这三次的检验,元素周期表确实成了能经得起历史考验的理论。到 1940 年,门捷列夫所预言的全部未知元素,都被相继找到!然而,有人竟按照自己的愿望和想象,把它看作是偶然的发现,把门捷列夫说成是幸运的天才。他们没有看到这里面凝聚着门捷列夫二十年的心血。对于这个问题,门捷列夫的回答是:天才就是这样,终身努力,便成天才。

目睹元素周期律的节节胜利、步步辉煌,早期跟周期律有些沾边的理论也被人重新翻了出来,纷纷竞争元素周期律发现者头衔。德国人举出了迈尔,英国人举出了纽兰兹,法国人说是尚古多……门捷列夫不否认前面的科学家在探索元素规律方面所做出的工作。他说过:周期律是由十九世纪六十年代末已有的各种比较和验证过的资料中直接得出的,它也是由这些资料综合成的比较完整的表述……总之,它们没有像我这样从最初(1869 年)就认为周期律是一个崭新的、能够包括一切事实而又经得起检验的自然规律。

无数事实早已证明,门捷列夫是当之无愧的元素周期表的发现人。他找到的规律,帮助后来的化学家进一步找到了更多的新元素。他过世后,人们还依此创造出了很多人造元素。他用他的"牌阵"创设了一个广袤的周期王国。

玩牌的人走了

获得全世界认可的门捷列夫,一生饱受沙皇政府的打压。贫穷、寂寞,他都可以忍受,唯独忍受不了无所事事的苦闷。当家人劝他休息的时候,他说:对于我来说,最好的休息就是工作,停止工作我就会烦闷而死。他不停地研究、写作,工作到了最后一天。1907 年 2 月 2 日清早,人们在门捷列夫的书桌前发现他已与世长辞,而他的手中依然握着笔。

噩耗传出，整个俄国社会都震惊了。他虽然没有成为俄国科学院院士，也未获得诺贝尔化学奖，但是他却走出了化学迷宫，创立了伟大的科学理论——元素周期律，对全世界的化学起到了巨大的推动作用。恩格斯在《自然辩证法》中，高度评价了门捷列夫的功绩：门捷列夫证明了，在依据原子量排列的同族元素的系列中有各种空白，这些空白表明这里有新的元素尚待发现；他预先描述了这些未知元素的一般化学性质……门捷列夫不自觉地应用了黑格尔的量转化质的规律，完成了科学上的勋业，这个勋业和勒维烈计算尚未知道的行星——海王星轨道的勋业居于同等地位。

二月里一个寒冷的早晨，雪已经下了三天三夜，路上行人稀少；但是来为门捷列夫送葬的队伍却排了长长的一列，科学界人士、政府官员、青年大学生……多达几千人。队伍的前面，由几位青年大学生，抬着填有许多拉丁文字母和数字的巨幅图表——元素周期表。当时，元素周期表在俄国、欧洲，乃至全世界的化学界，都闻名遐迩。这张表支持了化学科学的发展，而且还揭示了一个由量变引起质变的自然规律。人们将元素周期表置于门捷列夫的葬礼，就是为了表示对他的缅怀和纪念。

玩"牌"的人走了，但他给人们留下了一个精彩的周期王国。门捷列夫的元素周期表不仅仅指导了并开拓了化学领域，还让很多人从中悟出了一条自然规律——量变到质变。

这句话翻译成中国古文是"不积跬步，无以至千里；不积小流，无以成江海"；更通俗的说法是，饭要一口一口地吃，一口气是吃不成个胖子的。还有一个很老的笑话，说有个人饿了，在街上买烧饼吃，吃了一个不觉得饱，于是他又买了一个来吃，还不行，再买一个，直到他吃下第四个才终于觉得饱了。于是他对老板说，早知道吃完第四个烧饼会饱,我就只买第四个吃就好了……

看起来这只是个笑话,但现实中认识不到"吃前三个烧饼其实是在进行量的积累,吃到第四个后,因量积累得足够了,才产生'饱'的质变"这一浅显道理的,却大有人在。这样的人见到在门捷列夫元素周期表基础上完善的现代版化学元素周期表,会讪笑门捷列夫元素周期表的简陋;这样的人享受着前人筚路蓝缕创造的物质文明与财富,却讥讽先辈的清贫。他们貌似聪颖过人,实则是生活中的一个个笑话。

门捷列夫的一生和他执着研究出的元素周期律的过程充分体现了量变到质变的道理。人生的这副"牌"是通过门捷列夫长期的努力,才渐渐打顺的。天上不会掉馅饼,仅元素周期律这一项,就耗费了他二十多年心血。

实际上,要掌握任何一门学科的知识和技能,都需要有一个从量变到质变的过程。曾经有一个"一万小时定律",说人要想学习和掌握一门知识或技术,就必须经过一万小时的刻苦训练。这种训练就是在进行量的积累。例如,乒乓球运动员每天要接成百上千个发球;同声传译人员,每天会练习固定数量的翻译任务……

另一种同样的刻苦无趣的练习——"题海战术",却遭到了各种舆论的谴责。过去有的老师不负责任,不怎么讲解,只是让学生自己做题,不断加大题量让学生们难以承受,许多家长就跟着反对"题海战术"。若干年后事情又开始走向另一个极端,学校提倡素质教育,倡导在课堂中解决一切学习的问题,为减少学生的负担开始控制作业量;但学生中还是有人不愿意做题,甚至连作业都不想做了,就拿"题海战术"当起了挡箭牌。

试想,一万小时的训练可以有,有针对性的"题海战术"却不能有;运动员的刻苦训练可以有,学生的作业却不可以有,这怎么能学得好?千万不要以为,靠听一两节课就能掌握相关的知识,靠看一两道例题就能说自己懂了。那些只听不做、只学不练、只做不思的人，是不可能牢固掌握所学知识的；反而是那些脚踏实地认真研究题目，坚持做题的人，才能真正领悟到题目中的奥妙，掌握应会的知识。

要相信学习是一个从量变到质变的过程。

——正如门捷列夫所说：终身努力，才能成为天才！

第十一章
极致的平衡

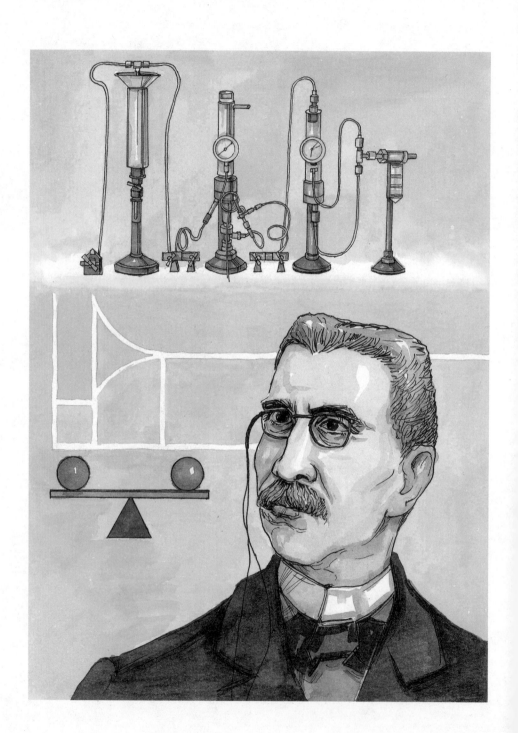

平衡,是一个很有意思的词。从哲学意义上来讲,"所谓平衡,就是矛盾的暂时的相对的统一",是事物处在量变阶段所显现的面貌,是绝对的、永恒的运动中所表现的暂时的相对的静止。

第 7 版《现代汉语词典》对"平衡"一词的解释有三条:(一)对立的各方面在数量或质量上相等或相抵,如产销平衡、收支平衡;(二)几个力同时作用在一个物体上,各个力互相抵消,物体保持相对静止状态、匀速直线运动状态或绕轴匀速转动状态;(三)使平衡,如平衡各方的利益。

很多领域里都有与平衡相关联的词,除了前面提到的产销平衡和收支平衡以外,还有化学平衡、生态平衡、生理平衡、心理平衡……

找到平衡规律的人

化学领域里存在着很多平衡,而且还有一个跟平衡密切相关的原理——勒夏特列原理。这一原理又叫平衡移动原理,是一个定性预测化学平衡点的原理。其主要内容是,在一个已经达到平衡的反应中,如果改变温度、压强及参加反应的化学物质的浓度等影响平衡的条件,平衡将向着能够减弱这种改变的方向移动。

——慢点,慢点,这里要给大家解释下,这都是些什么。

化学里,有些变化是可逆的,是指那些能在同一条件下,向正反应和逆反应两个方向同时进行的变化,也就是反应物变化为生成物的同时,生成物也在不断地变化成反应物。当这两个变化速度相同的时候,各种参与反应的物质会保持一个相对的稳定。这时就称该反应到达平衡状态,外界看起来就像反应停止了一样。

勒夏特列就是专门研究这种化学动态平衡的人,一起来看看他的档案吧:

全名:亨利·路易斯·勒·夏特列

生日:1850 年 10 月 8 日

出生地:法国巴黎

毕业院校:巴黎工业大学

个人简历:

1875 年,以优异的成绩毕业于巴黎工业大学。

1877 年,提出用热电偶测量高温,并利用热体会发光的原理发明了一种测量高温的光线高温计。

1887 年,获得博士学位,后在高等矿业学校取得普通化学教授职位。

1888 年,宣布了因他而闻名遐迩的原理——勒夏特列原理。

1907 年,兼任法国矿业部长。在第一次世界大战期间勇敢地出任法国武装部长,为保卫祖国战斗。

1919 年,退休。

1936 年 9 月 17 日,卒于伊泽尔。

勒夏特列 1850 年生于法国巴黎,他的外祖父皮埃尔·杜兰德是对改进水泥有浓厚兴趣的建筑师。早在勒夏特列六岁时,外祖父就带他去实验炉前,让他亲身体验点燃熊熊炉火的激动。

勒夏特列的父亲是著名的工程师,曾出任法国的矿业总监,负责在法国、西班牙、奥地利的铁路修建。因为是坚定的共和党人,拿破仑称帝后,他被迫从政府退职。之后他同卡尔·威廉·西门子一起致力于改进开放式炉床的炼钢炉,同塞恩斯·克劳热·戴维尔合作从事铝的提炼,因此对冶金学有突出的贡献。

勒夏特列的母亲出身名门,是虔诚的天主教徒,受家庭熏陶有深厚的文学功底。她对子女要求十分严格,培养他们有规律地生活起居,并分配他们做力所能及的家务劳动,养成他们高度的自制力和讲求效率的习惯,要求他们爱好诗歌文学。后来勒夏特列兄弟五人都学有所成，这里面有很多家学的渊源。

虽然勒夏特列的外祖父和父亲都不是专门学习过化学的人，但是他们都对化学有着浓厚的兴趣。与他父亲合作的也多是一些非常有名的化学家，除前面提到的戴维，著名化学家米歇尔·尤金·谢弗勒尔和让·巴蒂斯特·安德烈·杜马也都经常造访勒夏特列的家。这些人对勒夏特列的成长都产生过不同的影响。

这些人的最大爱好是研究并改进他们的生产技术，乐此不疲。身处其中的勒夏特列被他们这种进取精神感染着。从他的生平就可以看出来，最初他并没有深入地研究过化学，到1877年仅发表过冶金学和地质学论文，而后开始致力于水泥的化学反应研究，并取得丰硕的成果。他研究温度测量、研究平衡、研究矿业……只要有需要就会有他的研究。

擦 肩 而 过

水泥制造是勒夏特列接到的第一个化学课题。此前勒夏特列是个政府公务员，出于兴趣和家学，开始研究冶金学和地质学，发表过一些相关论文。离开政府部门后，他回到了高等矿业学校担任化学教授。虽然对学校给从没搞过化学的他发出的邀请感到一些吃惊，但他没有使推荐他的人失望，开始了在水泥制造工艺方面的化学反应研究。

水泥是如今常见的一种建筑材料。与饼干、纸张等很多东西遇水溶化或者变软不同，水泥是一种非常神奇的粉末，见水会先变黏，而后逐渐变硬。水泥的原料是石灰石和黏土，经过水泥回转窑的烧制，它们转化成硅酸二钙、硅酸三钙、铝酸三钙等主要成分。当它们与水混合以后，就能够与水结合成胶状物，不断膨胀，将粉末间的空气挤压出去，最后彼此黏在一起，干了后结成坚硬的块状固体。

水泥的使用离不开一种物质——石膏，它可以调节水泥的硬化速度。勒夏特列进行研究之前,人们都不太清楚熟石膏的成分。他通过大量实验,弄清了这一问题。

不仅如此,他发现实验室里反应物的用量比较小,仪器设备较简单,中间过程比较容易控制,可以随意更换;而工业生产则是大规模的,中间过程比较难以控制。再加上,很多化学反应其实并不能完全进行到底,所以导致理论产量和实际产量之间有很大的差别,也就是实验室生产率和工业生产率有较大差异。

勒夏特列不断地检查生产流程,与实验室的实验过程进行对比,尽可能提高原料的转化率,或者使工业生产率尽可能与实验室中的生产率相接近。他精确测量反应物用量、反应条件、反应消耗的时间、反应结果中各物质的含量,做了大量对比实验,观察并计算出当某一条件发生变化时,反应结果中的微小变化。这一过程引导他对热力学进行了深入的研讨,最终导致他发现了勒夏特列原理。

1884 年,勒夏特列将他发现的原理描述如下:在任一稳定的化学平衡里,要么是温度,要么是凝聚态(压强、浓度、单位体积分子数)的改变,无论是全体还是部分,这些外部因素的影响,促使内部发生这样的改变——如果外部单独发生温度或凝聚态改变,其内部改变方向与外部产生的相反。

勒夏特列意识到这一表述十分烦琐,他在 1888 年发表的论文中更加精炼地叙述道:假如改变化学平衡条件之一,平衡系统将向引起原来改变的相反方向变化。在后来的教科书编写中,作者大都表现出简约,通常将勒夏特列原理说成:如果改变影响平衡的一个条件(如浓度、压强和温度等)平衡就向减弱这种改变的方向移动。

1954 年诺贝尔化学奖获得者莱纳斯·卡尔·鲍林,在所编教科书中化学平衡一章的引言里写道:学生不可避免地只有借助数学方程式才能明了定律所代表的意义,只有深刻领会定律的含义,他才能不需要只靠读数学方程式来讲清那理论;幸运的是有一普遍、全面的原理叫勒夏特列原理,当你抓住它时将能弄清化学平衡所引起的各种问题……你完成学业数年后,也许会忘了所有有关化学平衡的数学方程式,除非你成为一名化学工作者或从事相关职业;然而我相信,你不会忘掉"勒夏特列原理"。

继研究水泥制造之后,勒夏特列利用他发现的原理进行了氨的合成研究。氨气可不是一种能让人亲近的气体,书上写的是刺激性气味的气体。

——这只是一种含蓄的描述,那气味儿通常没人愿意忍受。

在工业上,氨是一种很重要的化工原料,它大量用于制作尿素、铵态氮肥以及硝酸,也用作制冷剂。当时,很多国家都在进行着合成氨的研发。直到1913年,世界上第一座合成氨装置才正式投产。之后合成氨工业迅速发展,到二十一世纪初,日产合成氨一两千吨的装置遍布全球。合成氨成为一个庞大的支柱化工产业,这是人类征服自然的一座划时代的丰碑。

不过,勒夏特列那会儿,还没有合成氨工业。1754年人们用硇砂和石灰共热,第一次制出了氨气。这就是现在高中化学里制取氨气的实验室制法,硇砂就是氯化铵,其反应原理是氯化铵和氢氧化钙共热来制取氨气。1787年化学家们发现氨是由氮和氢两种元素组成的,于是立即试图通过氮元素和氢元素来合成氨,很多科学家都致力于这个课题的研究。然而首先遭遇的就是化学平衡的障碍和争议,因为当时质量作用定律和化学平衡的规律尚未发现,所以在平衡时氨的浓度究竟有多大,到底能生产出多少氨尚不清楚。因此,要进行氨的工业生产几乎是不可能的。

勒夏特列从事合成氨研究是最有优势的,因为他找到了一把"尚方宝剑"——勒夏特列原理。通过对水泥的研究,他了解到外界的某些条件变化,能影响化学平衡的移动,有可能提高生产氨气的转化率。于是一个个实验陆续开始了。他将影响氨气反应的条件逐个变更,设计出许多组对比实验。

对比的结果显示,改进某些生产工艺,确实能提高氨气的生产率。比如,加大氮气的使用量,让其远大于氢气用量,就能保证更多的氢气被反应掉,大大增加氢气的转化率。这也是当氮气浓度发生增加的变化后,能使该平衡向着氮气减少的正反应方向移动的结果。

还有气压,通过多种气压的测试,他发现压力越大,氨气的生产率越高,于是尽可能加大压强。因为氮气和氢气生成氨气的反应方向,是一个气体体积缩小的变化。当外界压强增大以后,平衡就会向着能让压强减小的气体体积变小方向移动。于是勒夏特列把反应的压强设计为最大。由于当时设备的承受能力,最大也只能到 200 个大气压。

不过最让人头痛的还是温度。勒夏特列发现当生产温度低于 300 ℃时,氨的生产率会比在 600 ℃的时候高,这也正好验证了他发现的原理。因为氮和氢生成氨气的反应是一个放出热量的过程,当温度升高的时候,平衡会向相反的,也就是使温度降低的方向移动,于是反应越会向逆向移动,氨的生产率就会下降。反倒是低温更有利于氨的生成,所以 300 ℃时的生产率就会比 600 ℃时的高。

不用高温当然是好事儿,这样生产成本会低很多。可是当温度降下来以后,生产氨气的速度也跟着慢下来了。这可不行,工厂是讲究生产效率的。怎么办呢?只能考虑用其他的方法来提高反应的速度。于是,1901 年他设计出了用还原铁粉作催化剂,在 600 ℃、200 个标准大气压的条件下来进行合成氨的生产。

非常不幸的是,勒夏特列忽视了一个细节,氮氢气中混进了氧气。氢气本身是可燃气体,最见不得的就是能助燃的氧气,它们混合后一旦达到燃烧条件,马上就导致钢制容器的剧烈爆炸。爆炸碎片甚至击穿了地板和天花板,损失惨重。这次突如其来的事故,让勒夏特列放弃了后面的努力。

勒夏特列之后,氨气的工业制备难题却被另一位德国科学家攻克了。1905 年德国物理化学家弗里茨·哈伯使用锇作催化剂,将氮气与氢气在 600 ℃、200 个标准大气压的条件下直接合成,在反应器出口得到了 8% 的氨气。随后他引入了将未参与反应的气体重新返回到反应容器中进行循环使用的方法,进一步增大氨气的生产量。到 1912 年间,哈伯又用 2500 种不同的催化剂进行了 6500 次试验,终于研制成含有钾、铝氧化物作助催化剂的铁催化剂。同时在工业化过程中的一些难题,如对设备的腐蚀、合成反应器的使用寿命等问题被工程师卡尔·博施解决。于是,1912 年德国建成了世界上第一座日产三十吨的合成氨装置,并于 1913 年开始运转。人们称这这一装置所采用的合成氨法为哈伯-博施法。

哈伯和博施由于在合成氨上的突出贡献,分别获得了 1918 年度和 1931 年度诺贝尔化学奖。哈勃的合成氨方法,与勒夏特列在 1901 年的设计基本相同,都是用含铁的催化剂以提高反应速度,在 600 ℃、200 个标准大气压的条件下,提高合成氨气的生产率。勒夏特列曾痛苦地写道:我让合成氨的发现从我手里滑过,这是我科学生涯中不可原谅的过失。

——没办法,勒夏特列只能遗憾地与诺贝尔奖擦肩而过了。

无处不在的平衡

虽然勒夏特列与诺贝尔奖擦肩而过了,但他找到的勒夏特列原理却成为一个经典,受到人们的推崇,甚至被引入更多的领域,而成为普遍的规律。在化学方面,这一原理不仅仅适用于普通的化学平衡,还适用于弱电解质的电离平衡、水的电离平衡、盐的水解平衡和沉淀的溶解平衡。

有人甚至在物理定律中也发现了勒夏特列原理的影子。物理中有一个关于磁体穿过闭合线圈产生电流的楞次定律,说的是感应电流的方向。感应电流的磁通总是要阻碍引起感应电流的原磁通的变化。如果原磁通增加,感应电流的磁通就会与原磁通的方向相反;当原磁通减少时,感应电流的磁通就与原磁通的方向相同。

——晕了晕了,能说简单点吗?

简单说就是,感应电动势趋于产生一个电流,该电流的方向趋于阻止产生此感应电动势的磁通的变化。再简单点即,感应电流总是要阻碍导体和磁极间的相对运动。这看上去像极了勒夏特列指出的,如果改变影响平衡的一个条件平衡就向减弱这种改变的方向移动。

生态学中也有关于平衡的理论。例如,农田里老鼠的数量是一定的,如果自然条件比较好,老鼠的数量增加了,需要的粮食会相应增加,粮食就会减产;一旦粮食供应不上了,老鼠的数量也就会慢慢降下来,这样食物又显得多起来了,可想而知老鼠的数量又会增加起来;于是此消彼长,老鼠和粮食的数量会保持一个相对的平衡。

勒夏特列原理不仅在科学领域,也在更广泛的领域里有所体现。在人的身体调节作用上显现得尤为明显。就拿感冒来说,不小心着了凉,就会打喷嚏、流鼻涕,然后出现很多相应的其他症状提醒人要注意保暖。如果不注意的话,就会发展成为重度感冒,导致体温升高来抵御环境的温度降低,也就是发起烧来。中医认为这样就可以赶走体内的寒邪,这时多盖些被子捂出一身汗就好了。

还有一个身体的自我保护现象:当夏天天气特别热的时候,人们会不自觉地躲到树荫里去乘凉;而冬天来临的时候,又会跑到太阳下去取暖。这其实就是身体对外界环境的自然适应,向着减弱外界条件变化的方向反应。

正在读书的学生们整天看书做题,非常容易用眼过度,这时就要注意调节自己的用眼习惯。眼睛看不清楚了,其实是在提醒要减少用眼次数,或者改善用眼的环境。如果开始注意到这些,视力会慢慢得以恢复;但是想依靠佩戴眼镜而不是改善用眼习惯来恢复视力是不现实的。

也就是说,依照平衡原理,我们要很好地认识自己身体发出的求救信号,并及时改正带来这些征候的不良生活习惯。一旦生活习惯慢慢地好起来了,身心会更加愉悦,精神会焕然一新。

说到无处不在的平衡,这里再说一说时下许多人爱讨论的话题——美容。爱美之心人皆有之,可是有些美真的不能以牺牲自己的身体为代价来实现。有些爱美的人嫌天天化妆麻烦,或者经不住广告宣传做了漂唇,乍看上去嘴唇饱满红润;但这却忽视了,嘴唇的红色是血管里血液的颜色,它可以直观地反应身体状况。

人们形容天气寒冷常会说"嘴唇冻得发乌"。发乌的嘴唇,就是身体不适的体现。天冷了,气温降低造成体温也跟着降低,使得血流速度减慢,血液中的携氧量减少,反映在人的嘴唇上就是血流减慢、颜色变深。它提醒应该加衣服保暖了,一旦身体暖和起来,嘴唇的颜色自然会恢复如前。当一个人气血不足的时候,血流量减少,嘴唇的颜色就会变浅。可是将嘴唇漂成不变的红色,万一出现问题,就容易影响到医生的判断,甚至延误救治。

那么,怎样不通过美容手段让我们更漂亮呢?很简单,改善身体的内部环境,加强营养,增加运动,改善血流量,这样就能精力充沛、神采奕奕,自然气色会好过化妆效果很多。

回到化学中来,勒夏特列和哈伯都是非常懂得利用平衡的人。他们充分考虑那些影响平衡的因素,并应用到工业生产中,尽可能发挥外界条件的作用,使原料气的利用率达到最大化,做到极致的平衡。

正是利用好了这些平衡条件，才让氨的合成顺利工业化。

勒夏特列和哈勃能够充分利用平衡影响因素解决氨气的工业制备，能给我们带来什么样的启发呢？我们虽然不面对生产，但我们要面对习题。如果能平衡影响做题的各因素，像他们将合成氨的平衡发挥到极致一样，那一定会取得好的成绩。

——这倒是个好主意。

先来想想，影响我们做题的因素有哪些。粗略点无外乎内因、外因两类。内因主要是，你想不想做出来？你对这些习题内容知道多少？你有没有能力搞懂和做出这道题？

外因中，父母、老师都会不停地鼓励你努力加油！同学则是一起赛跑的队友，会对你的做题有一定的影响；而环境因素主要是做题的地方，这也很重要。譬如人声鼎沸的地方，就不适合静下来思考。

怎样才能平衡这些因素呢？首先，一定要对自己有信心，相信自己通过努力能把题目解出来。其次，就是要弄清楚自己对道题里所说的内容知道多少，概念、方法是否清晰，基本的东西知不知道。然后，要将父母、老师的所给的压力转化为动力，并充分利用好老师和同学的资源，勤问勤练。最后，可以找个舒适安静的环境，仔细思考，再找张纸列一下题目中的问题和你知道的定律方法间的关系，寻找突破口，做个聪明的学习者……

——不说了，还是去练吧，想办法把平衡发挥到极致就是成功！

第十二章
从打破垄断到锐意创新

垄断是经济学中的一个名词,源于孟子"必求垄断而登之,以左右望而罔市利",说的是商人追求利益最大化的特性。在垄断的情况下,买方只能被动接受卖方的价格,这样对卖方而言就可以获得超过平均利润的垄断利润。

二十世纪初,由于国力衰弱、列强盘踞、军阀混战,我国的生产力十分落后,生产不出优质的东西,不得不接受许多的垄断和欺凌,听任外国人的宰割,很多商品都不得不依耐进口。第一次世界大战打响以后,战乱阻挡了商品的运输,于是洋人们乘机囤积居奇,严重影响和制约了我国经济的发展。

当时我国制碱业还是一片尚待开垦的处女地,不能自己生产工业用碱和食用碱。中国人所用的碱都得依赖从洋人那里进口。第一次世界大战期间欧亚交通阻塞,中国人用惯了的洋碱一时运不进来而变得紧俏,在中国独占碱业产品市场的英国卜内门公司又不肯放出存货。这种情况下,工业上许多以纯碱为原料的工厂顿时陷入瘫痪状态,甚至一度影响到人们的生活。北方的人民由于断绝了日用碱的来源,只有吃带酸味的馒头,穿没有颜色的土布衣服。

——这就是垄断,自然垄断!

工业救国的尝试

近代中国,不乏忧国忧民的有识之士,范旭东就是这样一位实业家,他主张科学救国、工业救国。看到当时中国的制碱工业尚是一片空白时,范旭东便萌生了要开创中国人自己的制碱业的念头。他在天津塘沽选好了厂址,雄心勃勃地准备大干一番。不过,技术问题难住了他。

当时国际上最先进的制碱技术要算是比利时人苏尔维的苏尔维制碱法。此法直接用食盐、氨、石灰石作为原料,故又被称为氨碱法。

西方国家"近水楼台先得月"，先后都采用了苏尔维法制碱。随后，这些国家发起组织了苏尔维工会，规定这种技术的设计图样只向会员国公开，对非会员国绝对保守秘密，并且相约不申请专利。

——不申请专利？有了专利不就可以受到法律保护了呀？这是为什么呢？

专利最开始萌芽于中世纪欧洲封建社会的中后期，随着商品经济和技术的发展，一些国家的封建君主开始授予某些商人和能工巧匠在一定时期内免税或独家经营某种新工艺、新产品的权利。如英国国王在十三到十四世纪曾经以法令的形式把这种权利授予外国商人和工匠，对吸收外国先进技术、促进英国经济发展起了重大作用。

1474 年，位于地中海沿岸，工商业比较发达的威尼斯共和国，制定了世界上第一部专利法。该法规定：任何在本城市制造的前所未有的、新而精巧的机械装置，一旦完善和能够使用，即应向市政机关登记，在 10 年内没有得到发明人许可，本城其他人不得制造与该装置相同或相似的产品。如有任何人制造，上述发明人有权在本城市任何机关告发。该机关可以命令侵权者赔偿一百金币，并将其装置销毁。

后来逐渐将发明专利保护期从十年延长到二十年，实用新型和外观设计从五年延长到十年，但有效期过后就不再享受该法律的保护了。这就相当于，有了专利就有了一二十年的垄断收益。这是在保护知识创新，保护合理的知识垄断。

可是这里面也涉及一个策略问题，那就是专利的实质是以公开换取的保护（一定期限内的垄断权）。要满足授权条件，专利文本必须对技术方案"充分公开"，即达到本领域技术人员照着公开的方案就可以重复的程度；但其中的核心技术，往往还是保密的。

例如，某个新的洗涤剂配方可以提高洗后织物的白度，申请专利时审核人员会将技术问题设定为提高织物白度，然后要求申请人公布能达到该基本门槛要求的配方;而中间的核心技术往往不在专利中公布。

有些人干脆就不去申请专利。可口可乐的配方到现在也没有申请过专利,据说是为了能够长久地保有秘方,以便长期垄断。总之,不论申请专利与否,其目的都是为了垄断技术,赚更多的钱。

——还是来说范旭东办厂的事吧。

为了开拓民族工业,范旭东请来了几名科学家进行小型苏尔维法的试验。几个月过后,试验获得了成功。然而要建立制碱厂,还需面对另一个重要问题,就是建厂的设计图纸和设备。没有一整套完善的设备,光有方法是不能进行生产的。

创办碱厂与一般工厂不同,在当时无法购买到整套设备,重要的机器设备只能各厂自制。于是范旭东派陈调莆到美国,与对制碱事业甚为关心的纽约华昌贸易公司经理李国钦一道,着手在美国聘用专家为之设计、绘图。

他们先请了一个居住在美国的法国人杜瓦尔,这个人自称对制碱颇为精通,其实言过其实。工作开始后进展缓慢,而且也没有什么起色。这时,李国钦又介绍了几位留美学化工的中国留学生,在暑假期间协助设计,这几个留学生中间就有侯德榜。

先来看看他的档案吧:

全名:侯德榜(名启荣,字致本)

生日:1890 年 8 月 9 日

星座:狮子座

出生地:福建闽侯县坡尾乡

个人简历:

1903 年,获姑妈资助在福州英华书院学习。

1907 年,到上海学习了两年铁路工程。毕业后,在当时正在施工的津浦路上谋到了一份工作。

1911 年，弃职并考入北平清华留美预备学堂，以十门功课一千分的优异成绩誉满清华园。

1913 年，赴美留学，被保送入美国麻省理工学院化工科学习。

1917 年，毕业并获得学士学位，再入普拉特专科学院学习制革。次年获得制革化学师文凭。

1918 年，参加哥伦比亚大学研究院研究制革，次年获硕士学位。

1921 年，获博士学位，在永利制碱公司任工程师，并兼任北洋大学教授。

1922 年，先后当选为中华化学工业会理事、常务理事；中国化学工程学会理事，理事长；中国化学会理事长；中国化学化工学会理事长；中国化工学会筹委会主任，理事长。

1926 年，从美国费城万国博览会传来消息，由侯德榜支持研制的"红三角"牌纯碱荣获金质奖章。

1936 年，兼南京铔厂总工程师。

1945 年，任公司总经理。

1949 年起，当选为中国人民政治协商会议全国委员会委员。

1950 年，当选为中华全国自然科学联合会副主席，任中央财经委员会委员，重工业部技术顾问。

1952 年，任公私合营永利化学工业公司总经理。

1953 年，参加中国民主建国会，先后当选为第一、第二届中央委员会常委。

1954 年起，当选为第一、第二、第三届全国人民代表大会代表。

1955 年起，受聘为中国科学院技术科学部委员。

1958 年，任化学工业部副部长。当选为中国科学院技术协会副主席。

敏而好学的"书耗子"

侯德榜出生于闽江畔的一个秀丽小村落——坡尾乡。这里四季常青,景色宜人,农民世代以种水稻为生。一天,当村里的人都在自家的田里忙着农活时,一个瘦小的男孩伏在田头的水车上,一边吃力地踩着踏板,一边手捧一本《古文观止》在朗读。他就是童年的侯德榜,被人们称为"挂车攻读"的"书耗子"。

自懂事以来,小德榜就对书籍有一种与生俱来的强烈兴趣,而且对自然科学情有独钟。他会很好奇妈妈挎的篮子里白色的"土"是干什么的。当妈妈回答说那"白土"用来洗衣服的,小德榜的问题就像锅里的崩豆,接二连三地跳出来:

"它与一般的土有什么不一样呢?"

"为啥这种土能洗衣服呢?"

"它与胰子一样吗?"

妈妈也回答不了这些问题,他自己连续思索好几天也没结果。长大以后,他才明白,原来这种"白土"中含有一种化学成分,而这种化学成分就是他后来几乎为之奉献一生的东西——碱。

小德榜的家庭并不富裕,他没有能像许多有钱人家的孩子一样,从小就进入像样的学堂,接受正规教育;但他从小养成了勤奋好学的好习惯。由于家里农活较多,为了使学习、劳动两不误,他常常将书本随身带着,劳动空余时间,就拿出来读。

他放牛的时候手拿书本,车水的时候手捧书本,甚至帮妈妈生火做饭的时候,也手不释卷。爸爸看到他对读书如此着迷,真心想把自己未能实现的读书愿望都寄托在儿子身上。不过家庭原因,他确实没有能力送勤奋好学的儿子去念书。

每次春耕结束,忙碌了十几天的侯家大小终于可以松一口气,小德榜也就自由了。他就会去姑妈家借些书来读,这对于他来说是最快乐的事。

姑妈家在福州城里,经营着一家小药店,经济情况稍好于侯家。还是在侯德榜很小的时候,姑妈就喜欢这个遇事喜欢刨根问底、爱书如命的小侄儿。有次他去姑妈家,姑妈让他去堆放杂物的阁楼上取一件工具。他在阁楼上偶然发现了几只装了好多书的大木箱高兴极了,当时就借了一本《古文观止》。后来一发而不可收,姑妈家那个看起来非常破烂的小阁楼便成了小德榜眼中的天堂,每隔一段时间他就要找个借口去姑妈家,径直走向小阁楼,一待就是半天,只是在吃饭的时候,才在姑妈的再三催促下恋恋不舍地走出来。姑妈感慨地说:"德榜一来就钻到小阁楼里啃书,就像只'书耗子'一样!"。

侯德榜这只"书耗子"打动了他的姑妈。在姑妈的资助下,十三岁的侯德榜进入了当时有名的英华书院学习。英华书院是美国美以美教会在福州开办的一所教会中学,坐落在福州仓前山鹤龄,现在为福州高级中学,始建于清光绪七年(1881年),光绪十六年改名为鹤龄英华书院。

侯德榜上学的时候,鹤龄英华书院虽然是一所八年制的中学,但其最高两个年级已相当于大学一二年级。1907年以前,该书院是福建省规模最大的学校。根据1917年的英华书院校友录,英华毕业生中有许多人担任海关和翻译工作。曾就读于英华的近现代名人也很多,有林森、黄乃裳、侯德榜、陈岱孙、沈元、王助、陈景润等。

中学期间,一位百科全书似的黄先生对侯德榜影响最大。在英华教书的黄先生博学多才,且平易近人。空闲时,侯德榜常常到黄先生的住处去。他喜欢听黄先生滔滔不绝地讲述科学家刻苦奋斗的经历;讲康梁二人的变法运动;讲林则徐的虎门销烟……慢慢地他懂得了,不仅要为自己的家族争光,还要为自己的大家庭——中华民族争光,要像爱母亲一样爱自己的祖国。

仓前的码头经常有来往的货船,外国人只需要花几个银圆就可以买到一个中国的劳动力。他们对待这些廉价苦力就像对待畜生一样,码头上经常有洋人的监工暴打中国船工的景象。他们还在每个苦力的身上刻上洋文编号,有的被贩卖到国外去。

侯德榜每次路过,对这些现象都怒不可遏,多次上前去理论。他不明白,洋人凭什么欺负我们中国人?黄先生语重心长地告诉他:"因为清政府的腐败无能,国力衰弱,科学技术落后于人家。如果我们也有他们那些先进的科学技术、强大的军队,看谁还敢来欺辱我们!天下兴亡,匹夫有责!你要刻苦学习,用先进的科学技术来振兴我们的民族,我们的国家。"

1905年夏是中国的转折点,事态变化的主因之一,却是日本战胜俄国,签定了《朴茨茅斯条约》,将中东铁路长春至旅顺一段转让给日本,而其余则被沙俄残余势力继续控制着。条约中的言论,让国人看了气愤不已。终于,清廷宣布废除延续了一千三百年的科举制度,这成为当年最为震动的大事。罗兹曼主编的《中国的现代化》一书称:1905年是新旧中国的分水岭,它标志着一个时代的结束和另一个时代的开始,1905年也是中国教育史上的重大转折点。

1905年8月20日,中国第一个资产阶级政党同盟会在日本东京成立。国人的觉醒行动逐渐传到仓前,工人开始罢工,学生开始罢课,各界人士纷纷支援,要求废除不平等条约和取消虐待华工的特权。1906年初英华学院的爱国学生也组织了罢课请愿活动。校方当然不允许这样的抗议活动,于是把参加罢课的一百多名学生开除出校。入读书院第三年的侯德榜也在其中。

许多学生被开除后转移到福州爱国绅士陈宝琛另建的一所中学学习。近一年后,侯德榜由于成绩优异,被保送到闽皖铁路学校学习测量技术。毕业后他被分配到当时正在兴建的津浦铁路中一个叫符篱集的小车站从事测量。本以为可以真正为国家尽一份力了，可是一位指导他学习、和蔼可亲的工程师告诉他："用轮船从英国运来洋货，和通过这一条条中国人修建的铁路，源源不断运进的洋货是一样的。货运进来了，国人口袋里大把大把的黄金、白银就流入了洋人的口袋……"侯德榜想：自己学习科学技术的目的是要振兴自己的民族、拯救自己的祖国；但为什么我现在要为英国人做事儿呢？他开始怀疑他从事这份工作的意义。

1911 年，北京清华留美学堂首次公开招考赴美留学生。侯德榜得知这个消息后，决定弃职投考。很多人不理解他，旁人求都求不来的工作，就这样被他辞掉了。他对来劝他的同学说道："你看到没有，现在在上海的工厂里做苦工的都是我们中国人，而驱使这些中国人干活的却是洋人；铁路是我们中国人辛辛苦苦修筑的，而且是在中国的土地上，可是用这些铁路的却是洋人，他们利用中国人修的铁路来掠夺和奴役中国人。如果在铁路上干一辈子，我个人的生活倒不用发愁，可是我这不是为洋人效劳吗？这次要出国，我就是打算把洋人的先进科学技术学到手，回来用它来开拓属于我们自己的民族工业。"

——看到这里，我不禁和他的同学们一样，在心里默默为他点赞！

侯德榜在考试中连闯三关，进入了清华大学的前身——清华学堂的高等班。当时进入清华学堂的大部分学生都是有钱人家的子弟，他们大都过着阔气的生活，常嘲笑侯德榜是个"土包子"。侯德榜对此不加理会，他没时间和精力去在乎他们说些什么，只专心于学业。

天渐渐冷下来了，宿舍里的条件还算好，但是每到深夜，屋子就变得非常寒冷。那些娇气十足的阔少爷这时早就钻到被窝里去了，只有侯德榜每天都会挑灯夜读。他有个"今日事，今日毕"的习惯，总觉得时间不够用。期末考试结束后，其他同学都急不可待地准备回家过春节,他却不慌不忙,仍旧与往常一样早早来到教室,拿出书来读……

宣布考试成绩的那天,教室里人声鼎沸,侯德榜却旁若无人地专心看书。其他同学还以为他没考好,准备补考呢。当洋老师宣布成绩时,众人都惊呆了:"侯德榜,数学一百分、物理一百分、化学一百分、英文一百分……"十门功课总分正好一千分。这个消息也震惊了清华园,一年后侯德榜等十六人被顺利批准赴美留学。

四年的留学时间里,侯德榜头脑中只有一个念头:多学点科学知识,用它来振兴祖国! 他以优异的成绩获得了学士学位。第一次世界大战导致交通困难,毕业后准备回国的他决意留在美国再多学一些科学知识。

1917 年,侯德榜进入纽约普拉特专科学院,学习制革化学。一年后,他获得了制革化学师文凭。经过一段时间的学习后,他又考入哥伦比亚大学研究院继续研究制革,并于 1919 年获得硕士学位。接着他继续留校攻读博士学位,把"铁盐鞣革"作为自己的研究课题,并获得了优异的研究成果。美国两个有名的化学学会分别吸收侯德榜为会员和名誉会员,各发给他一把金钥匙。主持答辩会的老师都对他的论文极为赞赏,他们共同预言:如果继续努力下去,侯德榜在不久的将来会成为制革业的专家。

就在这个时候,他看到了范旭东给他的邀请信,恳请他学成归国,共同开创中国自己的制碱工业。刚在制革技术上有所成就的他,对制碱工业并不精通,心里矛盾重重,以致夜不能寐。两种声音在他内心中不断激烈回响着:一种来自他的博士生导师,"你的制革技术已经达到了相当高的水平,如果继续努力下去,你很可能很快就会成为国际上研究制革技术的权威";另一种声音就是范先生的来信,"回来吧!中国制碱业这块处女地等待着你来开垦,回来吧,祖国人民在企盼着你的归来。"

　　侯德榜想：范旭东东奔西走，又劝他回国是为的什么呢？难道不是跟他一样为了振兴民族工业吗？他投身研究制革、投身科学，为的又是什么？目的不也一样吗？国内的制碱工业尚为一片空白，自己应该做一个开拓民族制碱工业的拓荒者。想到这里，他毅然回信，欣然应允了范先生的请求。他为永利碱厂在美国验收了有关设备，并考察了美国的几个制碱厂，收集了一些相关资料，于当年十月登上了回国的轮船，回到了阔别八年之久的祖国。

突破技术封锁

　　1921 年，刚刚回到祖国的侯德榜在与家人度过一个美好的春节后，匆匆赶往范旭东在塘沽的永利碱厂投入工作。在工地上初次见面的二人，一见如故。十几天后，安装工程进入紧张阶段。在侯德榜的指挥下，三十多米高、两吨重的蒸氨塔顺利完成安装，全厂的人都对这位侯博士表示出由衷的敬佩。

　　经过一年的辛勤劳动，碱厂的施工建设和设备安装的全部竣工，开始试车。由于苏尔维集团对外所宣布的技术程序真伪难辨，碱厂所有的技术人员对苏尔维法的了解并不彻底，也缺乏经验。试车开始不久，工人们发现巨大的蒸氨塔开始抖动，接着它的内部发出了轰轰的巨响，响声和抖动不断加剧，情况很是危急。

　　身为总工程师的侯德榜立刻镇静地叫停了机器。可是停机检查了半天，技师们也没有发现毛病出在哪里。侯德榜盯着蒸氨塔，皱眉思考思考几分钟以后，命人拿来了梯子，搭到蒸氨塔上，并说："追到底，跟我来，我一定要查它个水落石出！"

　　"追到底"是侯德榜在遇到技术困难时常说的一句话。他带领技师们把大气孔都打开，当爬上梯子去打开大气孔时，迎面喷出的热气，夹杂着刺鼻的氨，差点儿把他从梯子上呛下来。热气散尽以后，他发现塔里的溢流管充满白色固体物质,已经被堵得严严实实了。就是因为这些白色固体,堵得上面的液体下不来,下面的气体上不去,使蒸氨塔因塔中气体流动受阻而抖动起来。

——好险,如果不及时停机,整个设备会爆掉。

经化验得知,这种造成管道堵塞的白色固体是硫酸钙沉淀物。出现沉淀的原因是原料中硫酸铵液体的浓度过大,与石灰液体相遇发生化学反应,加上进料过快,固体硫酸钙未能及时排出。根据这一结果,侯德榜让减小硫酸钙液体的浓度,调整进料口进料的速度后,蒸氨塔果真就不再抖动了。

蒸氨塔的问题解决了,干燥锅又出了纰漏。有工人慌慌张张地报告说,干燥锅不转了!

侯德榜马上赶到车间,断定这是炉子结疤了。于是他捡起一根玉米棒子粗细的大铁杆子,朝炉子的结疤处用力捅去,可累得汗流浃背也没出现一点转机。看来单凭力气解决不了问题,于是他连夜去实验室,经过几天几夜的分析和反复试验,终于得出结论:结疤的原因是重碱的水分太高。降低重碱的水分后继续试验,果然结疤问题得到解决,干燥锅也再没有出现这一状况。

为了建成永利碱厂,侯德榜投入了全部身心。他常常为弄清一个故障原因,一连几夜在实验室里不眠不休地做试验。有时为了找到问题所在,他身先士卒,第一个下到灼热的石灰窑里,或钻进满是油污的下水道里。在永利碱厂试车的过程中,工人们经常看到他衣服上被高温炉子烧坏的窟窿和满面的油渍污点。一年多的试车过程中,侯德榜与他的助手们排除了数百次大大小小的故障,经历了数百次的修改和调试,渐渐摸索出了苏尔维法的路子。

可是,1924 年 8 月 13 日,历尽万难的制碱生产线首次正式投产时,还是出现了异样。出碱口的碱并不是人们想象中的白碱,居然是暗红色的，与卜内门纯白的洋碱在质量上无法相比。看着投入一百六十万元的巨资换来的这种暗红色的不合格碱，大家都惊呆了。范旭东对大家说："目前，只有两条路：一条是知难而退，变卖一切设备、遣散所有工人，我们各奔东西；另一条是知难而进，继续下去，弄清楚红碱产生的原因。"

话音未落，侯德榜等人不约而同地说："继续下去，追到底，一定要弄清楚红碱产生的原因是什么。就此退出，我们不甘心。"

侯德榜率领几个技师走进实验室，开始检验红碱的成分。果不其然，红碱中铁离子的含量过高，导致颜色变红。在侯德榜等人的反复试验下，碱的颜色开始变白。正准备把试验的方法投入生产线时，永利碱厂四台煅烧炉中的最后一台也烧坏了，工厂不得不停工。

困难不仅来自于内部的技术问题，外部还受到了英国卜内门公司的百般刁难。它想利用英国人在中国的特权，把我国的民族制碱工业扼杀在摇篮里，一看到永利碱厂停产马上想来吞并。范旭东坚决予以拒绝，表示绝不允许"无中国国籍者入股"。范旭东和侯德榜相互支持着，决心一定把制碱厂继续办下去。他们商量决定，由侯德榜带一些人去美国学习，寻找永利失败的原因；工厂则裁减员工节约开支，以渡过难关。

在美国，侯德榜等人一次次地到各个碱厂深入调查。最后，他们终于发现，当年孟德所设计的图纸，并不是当时最先进的方案，尤其是永利碱厂的煅烧炉，在美国早已被淘汰。永利碱厂的失败就根源于此。

在国内，永利碱厂的工程师们也在认真总结经验教训，检修和检查全部的设备部件和工艺流程。改造后的碱厂，在设备和技术上已经有相当程度的提高。从美国回来的侯德榜等人，带领技师们重新修改制碱的流程，在各方面条件都具备的情况下，决定再次开车。

1929 年 6 月 29 日,永利碱厂又一次开车生产,终于一切正常,生产出了纯白色的中国人自己的碱! 苏尔维集团的技术封锁并没有难倒侯德榜他们,中国人依靠自己的智慧和力量,揭开了苏尔维法的秘密。同年 8 月,在美国的费城举办的万国博览会上,中国永利碱厂的红三角牌纯碱获得了金质奖章。获奖之后的红三角碱声名大振。至此洋碱在中国已经没有多少市场了,卜内门公司的业务也陷入困境,后来不得不与永利碱厂签订在日本代销红三角碱的协议。

苏尔维法的秘密被中国人揭开了,如果高价出卖专利的话,永利碱厂可以获得一大笔资金,这无疑对碱厂和侯德榜本人都极为有利。但是,侯德榜认为,我们一直痛恨苏尔维集团的技术封锁,他们的目的无非是为了长久的高额利润,永利碱厂要是保持垄断,利用专利牟利,不也同样会遭世人痛恨吗?"科学技术是属于全人类的,一个真正的科学家的天职就是造福人类。"于是,他和范旭东商量,决定将苏尔维制碱法的全部奥秘无偿地公之于众。

经过一年时间的整理,他完成了《纯碱制造》一书,并于 1933 年在纽约出版。朴实的书引来了络绎不绝的读者,当人们跑遍许多豪华饭店去找他们敬慕的侯博士签名时才发现,四十三岁的侯德榜住在留美学生经常欢聚的廉价宿舍——百老汇的青年会馆里。

垄断被打破了,当人们对侯德榜等人表示敬意和感谢的时候,科学技术才真正体现出它本来的意义——造福人类。

——只有冲破垄断,才有更加光明的前景。

苦难中的辉煌创新

"七七事变"爆发后,日本帝国主义开始了全面的侵华战争,战火烧向了南京江边。日本侵略者早就对已是亚洲一流工厂的"永利"垂涎三尺,它们表示只要愿意合作,工厂的安全可以得到保证。

　　为反抗侵略，范旭东与侯德榜等人发誓：宁肯给工厂开追悼会，也决不与日军合作。他们让南京永利工厂转产硝酸铵，日夜赶制送往金陵兵工厂，并制造地雷壳等各种军用物资。日军恼羞成怒，三次轰炸工厂，使其设备损失大半而被迫停产。

　　侯德榜他们只能整理重要图纸，拆掉能够使用的仪表、机件、工具等，分批运往武汉、四川，厂里的技术人员也一律携带家眷搬往武汉、四川两地。1937 年 12 月 5 日，最后撤离南京的英国太古公司"黄浦号"拖轮载着侯德榜等人和物资离开南京码头，逆长江而上，经武汉到达重庆。南京的永利厂自此彻底结束。

　　初到华西，人地生疏，想重振民族工业，却一时无从下手。侯德榜他们毅然冒着敌机随时可能轰炸的危险，跋山涉水在云贵川地区调查资源，选择厂址。经过几个月的调查研究，他们最后选择在岷江岸东五通桥的道观，圈购厂址兴建了"永利川厂"。为纪念已被日寇侵占的中国第一个化工基地塘沽，将道观改名"新塘沽"。

　　西南的盐价要比在塘沽贵十几倍，而苏尔维法的食盐利用率只有百分之七十左右，如果新厂继续利用苏尔维法，工人们费力从深井中采出的盐，大部分将白白流失掉，制碱的成本将大幅提高。当时德国发明了一种制碱方法——察安法，虽然尚未完善，但是它的食盐利用率可达到百分之九十以上，还充分利用了废液。为早日建成华西化工基地，在世界制碱业已享有盛名的侯德榜决心屈尊求教，赴德考察，并且准备购买察安法的专利。

　　考察事宜并不顺利，他们在路上就遇到了很多国家的阻挠。从法国经比利时到德国的时候，在比利时边境入境室里，他们被要求多交五十法郎，原因竟然是"中国人要加费用，要是日本人此费用可免"。为赶时间侯德榜只得多交钱，他在这天的日记里写道："辱我太甚！"

　　到达德国后,碱厂的人总是显得急匆匆的,带领他们一行走马观花般,每到一处总是催促侯德榜一行走快些。在与察安公司座谈技术问题时,对方总是闪烁其词,使谈判只进行了两个小时。当时德国和日本已勾结成法西斯联盟,日本采取侵略中国的政策,德国当然不可能支持中国发展工业,各碱厂便对侯德榜参观访问采取保密措施。

　　后来,他们又去了捷克一家设在军工厂内的察安法制碱厂。厂方同样遮遮掩掩,对技术关键处讳莫如深。

　　——只能说,国弱众人欺!

　　不过这些都没有难倒侯德榜,他利用参观的机会,目测地上方砖的尺寸测量厂房,借用身高臂长、臂肩宽等来测量机器的外形尺寸。回来后画出一张尺寸基本准确的草图。侯德榜还通过交谈,巧妙地掌握了一些资料,基本摸清了察安法用料的比例和基本流程原理。

　　可以想象,后来的购买专利也进行得非常不顺利。德方不仅以高价刁难,而且还说:用察安法专利生产的产品不许在中国东北三省出售。他们的无理要求无非是要承认日本占领东北三省的合法性,否认东北三省是中国的领土。

　　购买专利的事儿就这样被堵死了,但这些都堵不住侯德榜的追求,他要走自己的路。于是他率领一行人转赴纽约,向改进苏尔维法创新制碱的道路前进。

　　由于战乱及华西交通不便利,制碱试验所需的原料都无法满足。侯德榜他们于是决定将试验移到范旭东的香港寓所中进行,由永利厂的几个技术骨干人员负责,侯德榜则在国外进行“遥控”。每周香港的工作人员把试验情况向纽约的侯德榜汇报,侯德榜分析汇报结果后,再指导香港工作人员的进一步工作。

　　起初侯德榜按照从德国得到的两个察安法专利说明,叫工作人员进行配料试验。可是结果却令人大失所望,没有得到专利说明书上所说的效果。后来经过反复修正,才使改造察安法的试验有了突破性的进展。

侯德榜对工作人员的要求非常严格,对于每一项条件的试验,他都规定必须进行三十次。起初工作人员对他的工作不甚理解,甚至有抵触情绪;但几项试验过后,他们渐渐发现,当每项工作进行到二十多次时,数据才渐渐稳定,最后得到十分准确的数据,从而自心中佩服他对科学的严谨和精通程度。经过不懈的努力,香港试验组的同事们已经全部摸清了察安法的工艺条件。接下来需要更加扩大试验。但由于战事的威胁,试验还是被迫停下来了。

在美国的侯德榜并没有停止工作,他面对着墙上挂着的巨幅苏尔维法流程图和察安法流程图,冥思苦想,时而伏案凝思,时而翻阅寻找需要的数据,时而起身站在巨幅的流程图前用红笔在上面圈圈点点……

他一直在想能不能设计一种新的方法,既克服两种方法的缺点,又吸收两种方法的优点。终于他创造了"侯氏制碱法",引起国际化学界极大重视和高度评价。在美国,侯德榜被推为"制碱顾问",大大小小工厂的技术人员络绎不绝地登门求教。

1943 年 10 月 22 日,英国化工学会特赠侯德榜和苏联工程师阿·巴赫以名誉荣衔。典礼在纽约华尔道夫-阿斯托利亚大厦举行,中苏两国大使均应邀出席。英国化工学会是全世界化学工业的权威机构,具有崇高的威信,能得到这个荣誉,对于一个化学工作者来说是无上的光荣。

至此,侯德榜完成了从冲破垄断,到锐意创新的全部过程,正是他的不懈努力,才改变了中国化工在世界上的地位,并使其得以迅速发展。

　　——看着邮票上侯德榜先生的头像，心中默想他的精神应该永远传承下去。

打破垄断需要能量

　　——化学中是不是也存在"垄断"和"创新"呢？

　　记得金属活动顺序表吗？钾、钙、钠、镁、铝、锌、铁、锡、铅、（氢）、铜、汞、银、铂、金。老师们为了能让学生们很容易的记下它们的顺序，还编了很多顺口溜。

　　仅仅记下来还不行，还要知道怎么用这张表。老师会说：你们记得啊，一定是前面的金属能置换后面的金属，金属性强的置换金属性弱的；而且，如果锌和铁同时放入硫酸铜溶液，肯定是锌先跟硫酸铜中的铜离子发生反应，因为它更强。这就有点儿像垄断了，我强，我先行。

　　高中学习了更多的知识，我们会发现这样的现象还有很多。例如，钠可以与冷水在常温下迅速反应，而镁只能在热水中才行，铝不会与水有明显的反应。这时我们就会说，钠的金属性强于镁，镁又强于铝。性质较强的金属，与其反应的物质会较多，反应起来也容易；性质较弱的，反应会相对较难。

　　那么性质较弱的，是不是就不反应了呢？不全是，当外界给予的条件足够时，也能发生相应的反应，比如金属镁，它不会与水在常温下反应，但是给它点能量——加热到沸腾，就能与水发生反应并放出氢气。看来，想要弱的战胜强的，肯定要付出更多的能量才行。

　　人生也是如此，能力较弱时，总是不大顺利，必须让自己变得越来越强大，才能战胜来自各方的压力。或许你会发现，人生的路就像是自己给自己布置的作业。你可以像钠与水迅速反应那样，努力主动提高自己；也可以像镁，需要父母和老师们的督促，才不会倦怠；再有种可能，就是像铝那样，一切外力均无效，我行我素。日子一长，你与多数人的差异就会日渐显现。

我们应该做哪一种人呢？

——还是得像侯德榜那样，"天行健，君子以自强不息！"

后　记

书完稿了,来聊聊本书的来历吧。

本书的构想源于两次机缘巧合。2013 年我有幸加入武汉科学家科普团,2014 年加入由中国科学院武汉分院、武汉市科学技术协会、武汉市教育局三方联合成立的武汉科学普及研究会。在这两个组织中认识了正在组织编写创新类书籍的湖北省创新协会会长袁伯伟教授。他说希望能通过对科学家们的各种事例的介绍,联系现实生活,指导学生们科学地对待生活中的各种现象。当时,分配给我的任务是写爱迪生发明灯泡的故事、弗莱明与青霉素。

随后,中国科学院老科学家科普演讲团的钟琪团长来武汉给我们授课,她提到法拉第的故事,更加激起了我写作的兴趣。

这两次经历让我萌生了写科学家故事的想法。

后来,在帮武汉科学家科普团整理讲稿的时候,看到中国科学院武汉病毒研究所胡志红教授在她的演讲中提到高中生选专业,可以选自己喜欢的,比如从事科学研究;但如果能力达不到,也可以选择与之相关的。这个讲稿给了我很大的鼓舞。对我来说,与科研相关的工作,也可以是探究那些科学家们研究发明的故事。于是,我开始正式着手本书的编写工作。

因为本书主题——化学的限制,我放弃原来写好的爱迪生、弗莱明、法拉第等科学家故事的手稿,重新以化学的视角来写作,并希望通过这本书能告诉读者以下几点:

(一)现在我们学习的高中化学知识,都是前人辛苦实验的总结。

它们不是一条条枯燥的定律，而是一批批充满热情的化学家，通过一次次夜以继日的实验总结出来的。我们可以通过各个科学家们的故事，来了解当时的知识和社会背景，让学生们能更快地熟悉和掌握高中化学知识，又不至于觉得学习是件枯燥无味的事。

（二）掌握化学知识并不是学习化学的主要目的，这些知识是学习思维方法的一种载体。同样，写这本书的目的也不全是为了告诉你科学家们的故事，更多的是希望通过这些故事告诉各位读者，成功不是拍拍脑袋的事，更多的是前期打下的基础和良好的思维习惯。而这些思维习惯在当下纷繁复杂的生活中同样适用，而且会一直适用。

（三）化学不能只是理科生学习的课程，文科生一样应该懂一些化学知识，这对更多人的生活都是很有好处的，也希望那些喜欢和不喜欢化学课的人都能从这些故事中得到一些有益的东西。

真正动笔后，才发现完成这本书没我想象中的那么简单。毕竟是些发生在过去的故事，我们没法亲临其境，只能尽可能真实地还原当时的发现过程，并从中了解到这些知识的形成过程以及科学的思维方式。比如，从阿伏伽德罗的故事中，体会关键字词对人们思维的影响，提醒人们注意语言的精准表达；从门捷列夫发现周期表的过程，体会从量变到质变的循序渐进的学习方法；化学勇士舍勒的事迹，则提醒人们不要盲目实验，做好必要的防护措施，才能让享受探索化学的乐趣；勒夏特列则告诉我们，正视平衡的存在，尽可能利用好平衡，人生无处不平衡；从凯库勒的梦中能体会到，仅仅靠做梦是不可能成功的，梦是现实的体现，只有现实中的不懈努力，梦才可能逐步成真……

愿，读到本书的你，能从中有所收益！谢谢！

宋　丹
2017 年 5 月